"双碳"背景下可再生能源发电支持政策及其影响研究

赵玉荣 著

经济日报出版社

图书在版编目（CIP）数据

"双碳"背景下可再生能源发电支持政策及其影响研
究／赵玉荣著．——北京：经济日报出版社，2022.12
ISBN 978 - 7 - 5196 - 1254 - 2

Ⅰ．①双… Ⅱ．①赵… Ⅲ．①再生能源 - 发电 - 研究
- 中国 Ⅳ．①TM619

中国版本图书馆 CIP 数据核字（2022）第 248874 号

"双碳"背景下可再生能源发电支持政策及其影响研究

作　　者	赵玉荣
策划编辑	刘　畅
责任编辑	李晓红
责任校对	牛巧红
出版发行	经济日报出版社
地　　址	北京市西城区白纸坊东街 2 号 A 座综合楼 710（邮政编码：100054）
电　　话	010 - 63567684（总编室）
	010 - 63584556（财经编辑部）
	010 - 63567687（企业与企业家史编辑部）
	010 - 63567683（经济与管理学术编辑部）
	010 - 63538621　63567692（发行部）
网　　址	www.edpbook.com.cn
E - mail	edpbook@126.com
经　　销	全国新华书店
印　　刷	北京虎彩文化传播有限公司
开　　本	710 毫米 ×1000 毫米　1/16
印　　张	16
字　　数	201 千字
版　　次	2022 年 12 月第 1 版
印　　次	2022 年 12 月第 1 次印刷
书　　号	ISBN 978 - 7 - 5196 - 1254 - 2
定　　价	49.00 元

摘　要

　　大力推动非化石能源特别是可再生能源的发展，是统筹推动和打造经济、能源、环境协同治理的现实选择，也是实现"双碳"目标的重要途径之一。贯彻绿色新发展理念，引领经济高质量发展，能源领域急需实现化石能源向可再生能源转型。可再生能源作为能源供应体系的重要组成部分，带动能源供应日趋多元、清洁、绿色低碳。此外，可再生能源产业涉及多个行业领域并带动关联产业发展，有利于创造新的就业岗位、转变经济发展方式、促进宏观经济发展。因此，加快开发利用可再生能源受到国际社会日益重视，成为世界范围内的普遍共识和一致行动。可再生能源主要用于发电，但现如今可再生能源发电竞争优势不明显，在化石能源主体地位短期内难以替代的情况下，可再生能源发电需要积极的扶持政策。

　　本书将可再生能源发电支持政策分为专门可再生政策和环境类政策。其中，专门可再生政策是直接针对可再生能源发电的相关扶持政策，从电价和补贴机制表现形式上分类，主要包括固定电价即可再生能源上网电价补贴政策（Fit-in Tariff，FIT）、招标电价即可再生能源竞争性招标政策（Tendering）和市场电价即可再生能源配额政策（Renewable Portfolio Standard，RPS）。环境类政策是针对化石能源间接影响可再生能源的政策，主要指化石能源环境税，如碳税和硫税。

　　本书的创新体现为在可计算一般均衡模型（Computable General Equilibrium Model，CGE）模型框架下研究中国的可再生能源发电政策问题，考虑到不同类型的可再生能源发电，对电力部门进行详细地拆分，并在模型中加入污染模块和可再生能源电价补贴模块，研究了两大类可再生能源发电支持政策的环境与经济影响，即以 FIT 为代表的专门可再生政策、以硫税和碳税为代表的环境类政策对减排、宏观经济、行业、能源结构、电力构成、居民福利等的影响。为了直观清晰地探究政策效果，首先建立静态 CGE 模型进行比较静态分析；为了观察政策冲击下各环境和经济变量的时间趋势，进而建立动态 CGE 模型进行动态分析。此外，考虑到可再生能源发展受政策和市场两个因素的双重影响，本书还以油价波动作为市场因素的代表，第一次在 CGE 模型框架下考察了油价冲击对可再生能源的影响，以及政策在油价冲击不利于可再生能源发展时的作用。具体实证研究工作如下：

在第五章，对可再生能源上网电价补贴政策和化石能源环境税政策的影响进行比较静态分析，分析其对温室气体与污染气体总减排、行业减排、能源结构、GDP 等的影响。研究得出：（1）电价补贴能够减少温室气体、污染气体的总排放量，在改善大气环境状况的同时拉动了经济增长；（2）增加环境税政策，大气环境的福利效益更加显著且抵消了征税对经济增长的部分负面影响；（3）电价补贴使各个行业排放的温室气体和污染气体出现不同程度的下降趋势，减排力度由大到小依次为农业、服务业、轻工业、能源行业和重工业；（4）电价补贴促进可再生能源发电量不断提升，优化了能源结构，增加环境税政策可以加快能源结构优化的进程。

在第六章，对可再生能源上网电价补贴政策进行动态分析，设置三种电价补贴情景并分析其对减排、实际 GDP、就业、产业、电力结构、居民效用等的影响。研究发现：（1）可再生能源电价补贴对减排、实际 GDP 和就业产生正向效应且逐年增加；（2）补贴政策有利于可再生电力产业吸引投资并带动重工业、服务业和农业尤其是重工业的发展，实现清洁能源电力对火电的替代；（3）持续的高补贴率具有明显的减排效果，在前期有利于创造更高的实际 GDP 和就业，后期由于增加财政税收负担从而不利于经济发展。

在第七章，对化石能源环境税政策进行动态分析，情景设定考虑了中国天然气发展的战略目标，模拟利用硫税和碳税政策促进可再生能源发电带来的环境及经济影响。研究得出：（1）硫税和碳税政策促进可再生能源发电能够带来巨大的环境效益，从行业的视角看，电力部门与其他部门相比具有更大的减排贡献；硫税和碳税政策同时实施的减排效果最显著，其次是仅实施碳税政策。（2）较高的经济增长更有助于促进可再生能源的发展，因为高经济增长引致较高的能源需求，为可再生电力的应用提供了条件。（3）环境税政策间接促进可再生能源发展的影响路径是税收增加了化石能源发电成本，从而改变了可再生能源和化石能源的相对优势，引发前者对后者的替代。（4）可再生能源的发展对 GDP、就业和效用都是积极的，但是环境税政策会抵消这一积极影响。

在第八章，将油价冲击作为市场因素的代表，设定油价波动及其与可再生能源政策的组合情景，分析对可再生能源产出与投资、宏观经济、行业产出与环境的影响。研究得出：（1）国际油价上升时，可再生能源产出、投资、投资回报率增加；国际油价上升引起中国实际 GDP 下降、CPI 上涨、出口下降；油价上升带动整个能源行业（除燃油发电）发展景气，对非能源行业（除建筑业）的影响是负面的；油价上涨抑制经济增长的同时抑制了能源消费，碳排放减少，大气环境好转。（2）国际油价下跌时，可再生能源产出、投资、投资回报率降低；国际油价下降引起中国实际 GDP 增加、CPI 下降、出口增加；油价下跌对能源行业（除燃油发电）的影响是负面的，对非能源行业（除建筑业）的影响是正面的；油价下降有利于经济增长从而刺激能源消费，不利于大气环境改善。（3）国际油价下降情形下加入可再生能源政策，能够抵消油价下跌对可再生能源产出、投资的负面影响，强化了对 GDP 的积极影响，抵消了对 CPI 的负面影响，改进油价下降对环境的不利影响。

最后，根据实证研究结果与当前中国可再生能源发展面临的瓶颈，本书提出如下政策建议：短期内提高可再生能源电价附加征收标准，补贴与税收双管齐下以增强减排强度；中期内适时调整补贴方式，利用市场发现补贴的标准，电价附加的补贴模式逐渐向绿色证书模式过渡；长期内最终取消补贴以实现整个可再生能源产业可持续发展。另外，电力改革目标中应包括化石能源发电与可再生能源发电竞争环境的市场化和合理化；在积极稳妥发展水电的同时，要全面协调推进风电、太阳能发电的开发和高效利用，解决弃风弃电等问题。总之，发展可再生能源是中国环境治理的一个重要方面，也是能源转型和经济发展方式转变的关键力量，应将其作为一项重要的国家战略，在资金、技术和政策等方面提供支持。

关键词：可再生能源，上网电价补贴，环境税，碳减排，可计算一般均衡模型

目 录
CONTENTS

第 1 章　引言

1.1 研究背景

能源是现代化建设的重要基础和动力，能源需求将随着经济增长保持增速态势，但我国以重化工为主的产业结构、以煤为主的能源结构意味着环境污染和生态环境保护的形势依然严峻。党的十九届五中全会也指出我国发展面临着"生态环保任重道远"的挑战。因此，经济发展所面临的能源约束矛盾和能源利用引起的生态环境问题成为我国国民经济和社会发展中迫切需要解决的关键问题之一。

2020 年 9 月我国提出"2030 年前实现碳达峰、2060 年前实现碳中和"的目标，并为此提出"到 2030 年，非化石能源占一次能源消费比重将达到 25% 左右，风电、太阳能发电总装机容量将达到 12 亿千瓦以上"。"十四五"规划和 2035 年远景目标纲要中提出"到 2025 年，非化石能源占能源消费总量比重提高到 20% 左右"。大力推动非化石能源，特别是可再生能源的发展，是统筹推动和打造经济、能源、环境协同治理的现实选择，也是实现碳减排目标的重要途径之一。因此，贯彻绿色新发展理念，引领经济高质量发展，在能源领域急需实现化石能源向可再生能源转型。

可再生能源作为能源供应体系的重要组成部分，带动能源供应和能源消费日趋多元、清洁、绿色低碳。此外，可再生能源产业涉及领域广泛，有助于带动相关产业发展并创造新的就业岗位，助益宏观经济发展，是实现经济发展方式转变的重要力量。因此，加快开发利用可再生能源日益受到国际社会的重视，可再生能源将在能源生产和消费中占据越来越重要的地位，成为世界各国能源战略的关键组成部分。可再生能源主要用于发电，但现如今可再生能源发电缺乏显著的竞争优势，在化石能源主体地位短期内难以被改变的情况下，可再生能源发展面临诸多问题和挑战，而可再生能源政策是实现可再生能源大规模开发利用的客观要求和必然选择。本书将研究背景总结为如下四点并逐一展开。

1.1.1 开发利用可再生能源成为国际发展大势

加快发展可再生能源对应对全球气候变化、保护生态环境、保障能源供应安全等意义重大，并逐渐成为全球应对气候变化、实现能源转型的重要战略。

关于应对气候变化，许多国际能源组织（国际可再生能源署、国际能源署、联合国政府间气候变化专家委员会）都认为发展可再生能源是实现应对气候变化目标的重要举措；美国、日本、英国以及欧盟等发达国家均把发展可再生能源作为温室气体减排的重要途径。例如，可再生能源在德国已逐步成为主流能源，并成为该国低碳发展的重要组成部分。

关于全球能源转型，即实现从传统的化石能源时代向绿色、低碳的可再生能源时代的转型，90%以上签订《巴黎协定》的国家都制定了可再生能源发展目标和以可再生能源为核心的能源转型战略（可再生能源发展"十三五"规划，2016）。为此，大量资金被投入用于可再生能源技术研发、可再生能源产业发展。近年来在欧美国家，每年60%以上的新增发电装机来自于可再生能源；美国的可再生能源发电量比例正在逐年增加；印度、巴西、南非、沙特等国家也都加大力度，积极开发、建设可再生能源发电项目（可再生能源发展"十三五"规划，2016）。全球能源转型的一个重要表现是全球电力系统建设已经产生了结构性转变，世界新增可再生能源发电装机于2015年首次超过化石能源发电装机。

在上述趋势下，可再生能源将成为新一代能源技术的战略制高点、新一代制造技术的代表性产业和全球具有战略性的新兴产业，成为经济发展和国际竞争的重要新领域。

1.1.2 中国化石能源消费比重过大带来生态环境问题

改革开放 40 年来，中国经济快速发展，但经济快速发展的同时也带来巨大的能源消费以及生态环境问题。中国的一次能源消费总量从 1978 年的 5.7 亿吨标准煤增加到 2016 年的 43.6 亿吨标准煤，2016 年煤炭占比 65%，石油占比 21%，天然气占比 6%。非化石能源所占比例为 13%，可再生能源的比例为 11%（中国可再生能源展望，2017）。近年来，中国第三产业及其他终端能源消费增长较快，但是工业终端能源消费仍占总终端能源消费的较高比例。煤炭是中国终端能源消费的主要能源品，2016 年中国终端能源消费总量达到 32.3 亿吨标准煤，其中工业部门占比为 61%，交通部门占比 21%，建筑部门占比 14%。2016 年煤炭消费占总终端能源消费比重达到 39%。此外，石油占比 27%，电力占比 19%，天然气占比 7%，区域供热占比 5%，生物质能源占比 2%。电力部门中，2016 年可再生能源发电量占全国总发电量比重达到 26%，非化石能源发电量占比达 29.5%。此外，全国总发电量中的 67% 来自煤电，3% 来自天然气发电。尽管近 10 年来中国可再生能源实现了巨大的增长，但当前的能源体系距离清洁、高效、安全、可持续的发展目标仍有较大距离。

以煤炭为主的能源消费结构不可避免地带来严峻的生态环境问题，最显著的例证就是中国大部分城市的雾霾天气问题。煤炭发电厂、燃煤工业和以化石能源驱动的汽车是造成中国大部分城市严重空气污染的重要原因。中国部分区域严重依赖煤炭经济，包括煤炭的开采及煤电产业，导致煤炭消费出现"锁定"效应，这对降低中国煤炭消费造成了阻碍。加之，现在的化石能源价格并没有完全反映出化石能源利用对社会的全部成本。

环境成本没有真实呈现，且化石能源的其他支持机制也扭曲了不同能源技术之间的竞争。与火电相比，可再生能源发电对环境更加友好，是电力产业可持续发展的必然选择。

1.1.3 "双碳"背景下中国致力于高比例可再生能源发展之路

中国政府已经把"生态文明建设"放在引领经济发展的战略位置，同时，"绿色发展"成了新的发展理念。未来的经济发展不能再走与新发展理念相悖的老路。尽管能源需求仍将随着经济增长保持增速态势，但能源供应与消费必须严守可持续发展的生态红线。随着中国经济发展进入新常态，能源发展也将进入从总量扩张向提质增效转变的新阶段，中国能源发展的形式要求能源的优存量和拓增量并重。

2016 年 12 月 29 日，国家发展改革委、国家能源局在印发的《能源生产和消费革命战略（2016—2030）》中提出：到 2020 年，能源消费总量要小于 50 亿吨标准煤，非化石能源消费比重达到 15%，与 2015 年相比的单位国内生产总值二氧化碳排放下降 18%，单位国内生产总值能耗比 2015 年下降 15%；2021—2030 年，能源消费总量要小于 60 亿吨标准煤，非化石能源消费比重达到 20% 左右，天然气消费比重达到 15% 左右，主要依靠清洁能源满足经济发展对能源的消费需求，与 2015 年相比的单位国内生产总值二氧化碳排放降 60%~65%；到 2050 年，能源消费总量进入稳定期，非化石能源消费比重超过 50%，建成现代化能源体系。Li et al.（2018）应用定量模型分析了中国的能源需求和二氧化碳排放，对此进行了印证。《能源生产和消费革命战略（2016—2030）》中还提出：到 2030 年非化石能源发电量占全部发电量的比重力争达到 50%。

此外，中国正在逐渐担起应对气候变化的多边合作领导责任。中国政府对"巴黎协定"承诺了国家自主贡献，承诺以 2005 年为基准，2020 年将碳强度降低 40%~45%，2030 年降低 60%~65%。2020 年 9 月我国提出"2030 年前实现碳达峰、2060 年前实现碳中和"的目标，并为此提出"到 2030 年，非化石能源占一次能源消费比重将达到 25% 左右，风电、太阳能发电总装机容量将达到 12 亿千瓦以上"。经济发展是"底线"、生态环境是"红线"和绿色电力是"生命线"决定了中国能源转型发展之路是高比例可再生能源发展之路。

1.1.4 中国可再生能源发展面临诸多挑战

虽然中国的可再生能源发展取得显著成就，表现在技术开发取得实质性进展，产业化建设初具规模，未来展现出良好的发展势头，但与发达国家相比仍面临着诸多限制、障碍和挑战。

一是现行电力运行机制限制。电力运行机制不完善，电力系统的灵活性不足。现有的电力系统以传统化石能源为主，化石能源发电相对稳定，而风电、太阳能等可再生能源发电往往具有间歇性和波动性。因此现有的电力系统不能够适应可再生能源并网运行的要求，也就不能够满足可再生能源大规模扩张的需要。

二是成本障碍。与传统化石能源发电相比，当前风电、太阳能发电、生物质能发电等可再生能源发电的成本仍偏高，竞争优势明显不足，导致其对政策扶持的依赖度较高，发展的可持续性受到限制。加之当前的能源价格机制和能源税收政策还不能完全体现多种类型能源的生态环境外部成本，可再生能源发展的市场竞争环境仍不合理、不完善、不健全。因此，成本障碍要求通过建立公正合理的市场价格机制进一步降低可再生能源发电成本。

三是技术挑战。可再生能源大规模发电的并网运行仍薄弱，与化石能源发电协调发展的技术管理体系尚未建立。受技术限制，可再生能源可持续发展的潜力未能充分挖掘。虽然可再生能源装机容量逐年增加，但开发的电力得不到有效利用，弃水、弃风、弃光现象严重，利用效率不高。

1.2 研究意义

1.2.1 理论意义

（1）本书为十九届五中全会提出的"十四五"时期生态文明目标和2035 年美丽中国远景目标的实现提供理论支持。党的十九届五中全会明确了"十四五"时期"能源资源配置更加合理、利用效率大幅提高，主要污染物排放总量持续减少"的目标，同时提出了到 2035 年"生态环境根本好转，美丽中国建设目标基本实现"的远景目标。可再生能源发展目标的达成将助力上述目标的实现，本书评估可再生能源政策对促进可再生能源发展的有效性。

（2）本书在一般均衡框架下研究可再生能源政策，既完善了可再生能源政策研究工具方法，又丰富了可计算一般均衡理论。本书将可计算一般均衡理论引入可再生能源发电支持政策研究，为财税政策支持可再生能源发展提供了科学的理论依据；在可计算一般均衡模型常规模块的基础上搭建适用于可再生能源政策研究的新模块，满足研究需要的同时，拓宽了可计算一般均衡模型的适用性。

（3）本书强化了"绿色发展"价值理念的理论厚度。绿色发展既是经济高质量发展的应有之义和实现经济高质量发展的重要支撑与推动力量，也是美丽中国建设的必由之路。我国坚持"绿色发展"理念，把"生态文明建设"放在引领经济发展的战略位置，强调能源供应与消费必须严守可持续发展的生态红线。可再生能源是能源系统的重要组成部分，研究可再生能源政策正是"绿色发展"理念在学术研究领域的贯彻。

（4）本书在"双碳"背景下研究可再生能源政策问题，丰富了"双碳"问题的理论研究成果，是对习近平生态文明思想在学术研究领域的解构。习近平主席于 2020 年 9 月在第七十五届联合国大会一般性辩论上提出"双碳"目标，并进一步提出"到 2030 年，我国单位国内生产总值二氧化碳排放将比 2005 年下降 65% 以上，非化石能源占一次能源消费比重将达到 25% 左右，风电、太阳能发电总装机容量将达到 12 亿千瓦以上"的新举措，明确了非化石能源对我国实现"双碳"目标的重要作用。本书研究"双碳"背景下的可再生能源政策及其影响问题，进一步丰富了"双碳"问题的理论研究成果。

1.2.2 现实意义

可再生能源的发展带动能源供应日趋多元，促使能源消费绿色低碳。但现如今，可再生能源成本相对偏高，竞争优势不明显，在化石能源主体地位短期内难以替代的情况下，财税支持政策成为应对可再生能源高成本问题的重要途径。面对调整能源消费结构、治理大气污染、应对气候变化的时代需要，多数研究仅仅从传统化石能源环境税的角度研究问题，将税收负担施加到对化石能源的使用和污染物的排放上是该视角的基本研究思路。但是，长期以来中国经济的高增长伴随着对化石能源消耗的持续增加，化石能源要素对产出的影响巨大，注定了该研究思路往往不能实现短时期内环境保护和经济增长的双重目标。因此，本书利用可计算一般均衡模型（Computable General Equilibrium alodel，CGE）方法从能源拓增量——专门可再生政策的视角拓展研究方向，该思路有利于实现中国绿色发展的能源供给侧和需求侧有效对接的实践。此外，本研究进一步对环境税政策进行探讨，为未来中国的能源发展战略在政策选择方面提供借鉴和启示，并最终驱动以可再生能源为主体的能源供应体系尽早形成。

（1）本书面向国民经济主战场，为政府决策提供依据。量化评估可再生能源政策效果和影响用以支撑未来可再生能源规划的科学决策，是我国能源战略层面迫切需要解决的重要课题。本书的实证分析结果将为政府部门制定可再生能源发展战略提供科学的决策依据，同时为我国扎实做好"碳达峰、碳中和"工作提供政策启示。

（2）本书适应国际社会关于"发展可再生能源"和"碳减排"的普遍共识。开发利用可再生能源已成为全球应对气候变化、实现能源转型的重要战略，欧美等发达国家把发展可再生能源作为碳减排的重要途径，我国正在逐渐承担起应对气候变化的多边合作领导责任，并承诺了国家自主贡献，提出"2030 年前实现碳达峰、2060 年前实现碳中和"的目标。本书注重量化分析可再生能源政策对碳排放的影响，将发展可再生能源和碳减排联系在一起。

1.3 概念界定

1.3.1 可再生能源

2005 年 2 月 28 日，我国颁布的《中华人民共和国可再生能源法》总则第二条对可再生能源的定义是："本法所称的可再生能源是指风能、太阳能、水能、生物质能、地热能、海洋能等非化石能源。水力发电对本法的适用，由国务院能源主管部门规定，报国务院批准。通过低效率炉灶直接燃烧方式利用秸秆、薪柴、粪便等，不适用本法。"

2009 年 12 月 26 日，全国人民代表大会常务委员会对《中华人民共和国可再生能源法》进行了修订，但对可再生能源的定义未作出变动。

不同机构对可再生能源的定义有所不同。在中国，较早的关于可再生能源的定义是由原国家计划委员会给出的（任东明，2013），内容是："可再生能源的含义在中国是指除常规能源和大型水力发电之外的生物质能、风能、太阳能、小水电、海洋能、地热能、氢能等能源资源。"比较《中华人民共和国可再生能源法》和原国家计划委员会对可再生能源的定义发现，关于大型水电是否是可再生能源，存在着不确定性。

此外，可再生能源与新能源这两个概念容易混淆，需要进行区分界定。可以说，新能源涵盖的能源范围更广，除了包括可再生能源，还有核能。而联合国开发计划署（UNDP）把新能源分为大中型水电、传统生物质能和新可再生能源三大类。

可再生能源具有以下几个显著的优点：（1）可再生性。只要自然过程不停止，可再生能源就能够不断再生，可获得和利用的资源就能够不断累积增加，由于它们的总量无上限，多采用理论储量来表明其资源供应潜力。（2）分布广泛。可再生能源受地形、气候和海陆分布等多个自然地理因素的影响，分布广泛具有很强的地域性。（3）环境友好。可再生能源在开发利用过程中不会像化石能源那样排放大量温室气体、污染气体和颗粒物等，因此是环境友好型能源。

然而，可再生能源也存在以下几个显著的缺点：（1）能源密度较低。与传统化石能源相比，可再生能源的能源密度较低，且受自然因素影响，可再生能源供应多为间歇性、周期性。（2）初始投资成本较高。开发可再生能源项目需要投入大型设备等，因此项目初期的投资成本较高，但由于项目在运行过程中不需要消耗燃料，所以项目运行成本较低。（3）发展容易受到技术制约。可再生能源的开发利用水平取决于可再生能源被转化成可用能源的工艺技术水平，这也决定了对可再生能源供应量的定义，是利用这种能源的技术水平制约条件下的能源可利用量。

正确解读可再生能源的内涵，对制定科学合理的可再生能源发展政策至关重要。虽然可再生能源具有可再生性，但它仍属于自然资源。从一定意义上讲，自然资源都是有限的，并非取之不尽、用之不竭。加之可再生能源在开发和利用过程中容易受自然地理条件和技术进步等多种因素的制约，因此可再生能源的可再生性是相对的、有条件的。

1.3.2 可再生能源政策

所谓可再生能源政策是指政府为推动可再生能源技术的发展和应用采取的有利于可再生能源开发扩张的一系列活动和措施。可再生能源政策是实现可再生能源大规模开发利用的客观要求和必然选择。可再生能源政策一般具有以下特点：符合可再生能源相关法律法规的要求、有明确的可再生能源发展目标、对可再生能源发展具有明确的导向性。

可再生能源政策可以分为强制性政策和非强制性政策。其中，强制性政策是指政府基于其行政权力，对可再生能源开发利用活动进行有效干预的各种强制性手段。特别指出，虽然法律不属于政府职权的范围，但法律政策可归入强制性政策当中。

非强制性政策又可以分为经济类政策和市场调节类政策。其中，经济类政策是指由政府制定或批准执行的促进可再生能源发展的各种经济手段，也可称之为财税政策，包括激励性经济政策（补贴、税收减免、贴息贷款等）和惩罚性经济政策（碳税等）。市场调节类政策是指借由自由交易、市场竞争和市场定价促进可再生能源发展的手段。

在这里需要区分可再生能源政策和可再生能源战略。可再生能源政策、可再生能源战略与可再生能源法律法规，三者共同构成国家可再生能源政策体系（任东明，2013）。其中，可再生能源战略是国家实现可再生能源发展目标的行动纲领和指南，处于国家可再生能源政策体系的核心地位。而可再生能源政策是实现可再生能源发展战略目标的具体措施。最后，可再生能源法律法规为可再生能源战略制定和可再生能源政策实施提供强制性保障。

自 20 世纪 90 年代末，各国对可再生能源的关注与日俱增并制定了可再生能源发展战略目标，各种支持政策纷纷涌现（Lee & Huh，2017）。到 2015 年底，有 146 个国家实施了可再生能源支持政策，有 173 个国家制定了国家级可再生能源政策目标（REN21，2016）。由于可再生能源主要用于发电，因此支持政策主要集中在电力部门（Huh et al.，2015）。本书所指的可再生能源政策是指扶持可再生能源发电的有关政策，主要是非强制性的经济政策和市场调节政策。

1.4 研究内容与技术路线

全书共分九个部分，具体研究内容如下：

第一章，引言。在引言中，主要介绍了研究的背景与意义，对可再生能源与可再生能源政策的概念进行界定，给出本书的研究方法及研究创新。

第二章，文献综述。首先从国内外视角对可再生能源支持政策的研究进行总体概述；然后按照研究方法对可再生能源补贴与配额的研究进行梳理，研究方法归纳为计量方法、投入产出方法、可计算一般均衡方法和其它方法；最后梳理化石能源环境税的相关研究。

第三章，可再生能源现状及发电支持政策。首先分析了水电、风电、太阳能、生物质能、地热和海洋能等主要可再生能源的装机容量及发电量情况；然后分别介绍了可再生能源上网电价补贴政策、可再生能源竞争性招标政策和可再生能源配额政策的内涵、特点、经济学原理及实践，简单介绍了环境类政策；最后结合可再生能源发展的国际经验得出经验启示。

第四章，CGE 模型构建。首先简单介绍 CGE 模型；然后从生产模块、污染排放与环境税、电价补贴、投资需求、消费需求、出口需求和动态模块几个方面阐述 CGE 模型结构；最后介绍 CGE 模型的数据即投入产出表。

第五章，可再生能源上网电价补贴与化石能源环境税的静态影响分析。基于中国 2012 年投入产出表，分析了可再生能源电价补贴、环境税及政策组合下温室气体与污染气体的总减排量、行业减排量，对能源结构、GDP 的影响。

第六章，可再生能源上网电价补贴的动态影响分析。基于中国 2012 年投入产出表，设置了三种电价补贴情景，分析了可再生能源上网电价补贴对减排、GDP、就业、行业产出、行业资本回报以及电力结构的影响，并对可再生能源上网电价补贴政策进行了长期预测。

第七章，环境税促进可再生能源发电的动态影响分析。基于中国 2015 年投入产出延长表，将电力部门拆分为燃煤发电、燃气发电、燃油发电、水电、核电、风电、太阳能发电和电力供给部门，分析了高 GDP 增长率和低 GDP 增长率下，硫税、碳税及政策组合对总减排、行业减排、能源结构、电力结构、GDP、就业和居民效用的影响，并与基于 2012 年投入产出表的模拟结果进行对比分析。

第八章，国际油价波动下的可再生能源政策作用分析。将油价冲击作为市场因素的代表，基于中国 2015 年投入产出延长表，模拟了油价波动对可再生能源产出、投资、宏观经济、行业产出与环境的影响。此外，模拟了油价波动与可再生能源政策的组合情景，验证可再生能源政策的作用。

第九章，研究结论与政策建议。首先对全书的实证研究结果进行总结归纳；其次根据中国可再生能源发展现状、可再生能源发电政策现行状况以及归纳总结的实证研究结果，提出针对性的政策建议；最后对可再生能源发电政策的未来研究方向做出展望。

与研究内容相对应的技术路线图如图 1.1 所示。

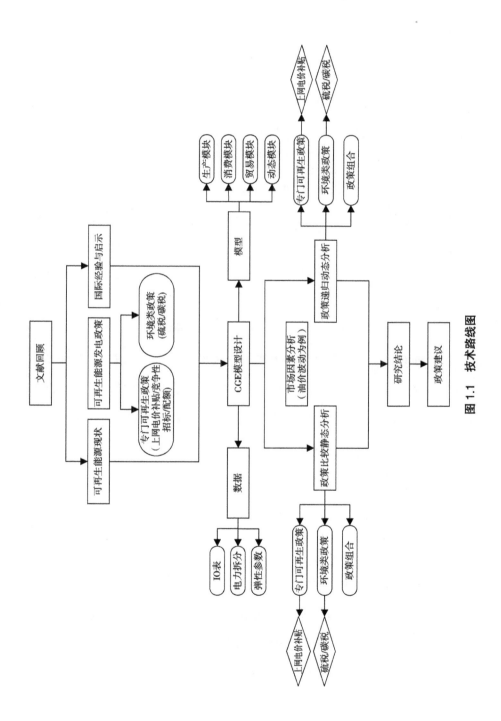

图 1.1 技术路线图

1.5 研究方法

本书主要使用以下研究方法：

（1）文献研究法。搜集众多国内外在可再生能源支持政策方面的相关研究，通过梳理文献把握研究现状，剖析前人研究的不足和发掘创新的方向。

（2）实证研究法（CGE 模型）。CGE 模型用价格机制将生产过程中的产品和要素需求、供给等有机地结合起来，通过对资本的动态递归，考察了家庭、企业、政府等多个经济行为，且涉及了多个宏观经济变量，被广泛应用于政策冲击的研究。因此，主要应用 CGE 模型量化可再生能源发电支持政策的环境效益与经济影响。

（3）比较分析法。对可再生能源发电支持政策的研究主要从两方面展开，一方面是立足于促进可再生能源发展的直接视角（以可再生能源电价补贴为代表的专门可再生政策），另一方面是基于抑制传统化石能源的间接视角（以环境税为代表的环境类政策）。对两种政策冲击的结果进行比较，并对不同的政策组合进行比较，对比分析各种政策及政策组合的优劣，从而进行有效的政策选择。

1.6 研究创新

本书主要有以下几点创新：

（1）在 CGE 模型框架下研究中国的可再生能源发电政策问题，考虑到不同类型的可再生能源发电，对电力部门进行详细地拆分，并在模型中加入污染模块和可再生能源电价补贴模块。

（2）在研究可再生能源上网电价补贴政策时，模拟情景的设定考虑了中国可再生能源发展的战略规划和可再生电力的不同发展阶段，补贴率的计算是基于中国可再生能源电价附加标准，这与其他相关研究不同。本书的补贴率等于电价附加标准除以燃煤上网电价，而其他相关研究中的补贴率等于平均电价补贴除以化石燃料电价。后一种计算方法可能会过高估计补贴率的值，与之相比，本书的计算更精确且更接近中国可再生能源的补贴现状，使模拟结果更有价值，而更具参考意义的模拟结果可以为中国可再生能源的部署提供更好的指导。

（3）在研究化石能源环境税政策促进可再生能源发展时，情景设定考虑了中国天然气发展的战略目标。面对不断加大的环境压力，中国将天然气发展作为短期目标，正在加强天然气的供需储备建设并致力于实现到2030 年天然气在一次能源消费中的占比达到 15% 的目标，其他相关研究则忽略了这一点。

（4）考虑到可再生能源发展受政策和市场两个因素的双重影响，本书还以油价波动作为市场因素的代表，第一次在 CGE 模型框架下考察了油价冲击对可再生能源的影响，以及政策在油价冲击不利于可再生能源发展时政策的作用。

第 2 章　文献综述

能源转型和增加可再生能源消费是现阶段世界各国重要的能源战略，也引起学术界对可再生能源发电支持政策的广泛关注与研究。研究文献基于各种经济模型和方法，涉及了世界多个国家的多种可再生能源政策，丰富了可再生能源领域的研究结果，下面进行梳理、综述和评析。

2.1 可再生能源发电支持政策概述

2.1.1 国外研究

20 世纪 90 年代，世界各国都积极关注支持可再生能源发电的激励机制并提出了各种政策措施，从一系列强制补贴到排放交易等（Fischer & Preonas，2010）。面对能源转型的迫切需要，政府必须决定公共政策来促进可再生能源电力生产和保护国内发电设备行业（Bougette & Charlier，2015）。扶持可再生能源发展的主要目的是应对气候变化、减少燃料进口依赖性、促进能源多样化以应对外部变化和冲击，以及主导未来能源技术市场（Lee & Huh，2017）。Ydersbond & Korsnes（2016）认为支持可再生能源扩张的政治动机主要为：确保能源供应安全、创造面向未来的行业和就业、减少温室气体排放和本地污染。

Polzin et al.（2017）总结了可再生能源扩张与政策间的关系并将这些政策分为财政政策和财政激励、市场工具、基金、与投资决策有关的政策工具，以及监管措施等。在国外，学者们将可再生能源发电支持政策总结为：排放交易机制、碳排放标准限制、能源税收、配额制、可再生能源生产补贴、可再生能源上网电价、投资研发等。

Fischer & Newell（2008）以减排效率为绩效指标，评估了各种可再生能源发电的扶持政策，这些政策在美国电力行业的排名为：排放价格政策、碳排放量限制、化石能源税、可再生能源发电配额、可再生能源补贴、研发补贴；研究发现，与任何一种单一政策相比，最优政策组合可以用较低的成本实现碳减排目标。之后，Fischer & Preonas（2010）对各种政策组合的有效性进行了更详尽的研究。Jennifer（2010）使用可计算一般均衡模型、排放预测与政策分析模型分析各种可再生能源支持政策组合的影响。此外，Abolhosseini & Heshmati（2014）、del Río & Mir-Artigues（2014）、Fagiani et al.（2014）、Yoon & Sim（2015）也研究了政策组合的必要性。

参考 Fischer & Preonas（2010）的研究，表 2.1 总结了各个国家对各种政策的实施情况。根据总结发现，各国兼顾环境类政策和专门可再生政策；环境类政策中的排放交易机制和能源税应用广泛；专门可再生政策中可再生能源投资研发支持最受欢迎，可再生能源电价补贴最为流行，可再生能源配额制逐步发展。

在针对某一具体政策的研究中，Ameli & Kammen（2014）以意大利和欧洲的太阳能光伏市场为例，研究发现清洁能源评估贷款计划是一种弥合传统能源与太阳能发电成本差距的手段，它将在短期内有效实现太阳能与常规能源发电的上网电价平价，并在长期为替代以补贴为基础的激励措施提供理论基础。Andor & Voss（2016）讨论电力市场中推广可再生能源的最优补贴问题，认为发电补贴应对应于发电的外部性（例如温室气体减排），投资补贴应对应于容量的外部性（例如学习效应）；研究结果表明，一些最受欢迎的政策工具往往导致福利损失，并用德国电力市场的数据证

表 2.1　世界各国可再生能源发电支持政策

国家	环境类政策				专门可再生政策			
	排放交易机制	排放标准	碳税	化石能源税	可再生能源配额制	可再生能源电价补贴	可再生能源生产补贴	投资研发
加拿大			√	√	√	√		√
丹麦	√		√	√		√		√
德国	√							√
日本	√				√			√
荷兰	√			√		√		√
新西兰	√							√
挪威	√		√	√				√
西班牙	√					√		√
英国	√			√	√	√	√	√
美国	√	√			√	√		√

资料来源：参考 Fischer & Preonas（2010）总结

明这种福利损失。Keyuraphan et al.（2012）比较了中国、美国和欧洲国家的可再生能源补贴政策，指出鼓励可再生能源电力生产需建立在政府强制和企业自愿相结合的基础上。Liu et al.（2017）用 CGE 模型来评估新的排放标准在短期内的环境和经济影响，结果显示，新排放标准可能导致二氧化硫和氮氧化物排放量分别减少 22.8% 和 11.4%，绝对量分别减少 5597 万吨和 146.8 万吨，这是排放清除技术改善和煤炭消费急剧下降的结果；另一方面，新的排放标准可能会造成约 0.2% 的 GDP 损失；由于改变了商品和服务价格以及最终需求结构，随着消费需求减少，新的排放标准有助于遏制通货膨胀；新的排放标准可以大大刺激专用设备制造业的工业产出；由于劳动和资本价格下降，新的排放标准增加了工业部门的经济产出，国内货币贬值将推动扩大出口导向型产业。李钢等（2012）发现：如果中国的工业废弃物排放能够完全达到现行法律标准的要求，经济增长率将会下

降约一个百分点，制造业部门的就业量将下降约 1.8%，出口量将减少约
1.7%。

2.1.2 国内研究

中国能源转型所面临的问题是，能源转型方案的短期成本能够被经济系统自身溶解，在长期可以实现经济增长的可持续性（马丽梅等，2018），显然支持可再生能源发电在能源转型过程中发挥着重要作用。在国内，吴文建等（2013）依据管制的差异程度将可再生能源支持政策分为四类：市场定价定量政策、市场定价政府定量政策（配额制）、政府定价定量政策（目前中国政策）、政府定价市场定量政策（固价制）。研究利用两级供应链理论和博弈理论分析得出：较市场自发调节而言，政府管制政策更能提高发电企业收益及社会福利；配额制保证可再生能源发展目标实现，是可再生能源电力政策的改革方向。翁章好和陈宏民（2008）认为现有可再生能源促进政策可分为"环境类政策"和"专门可再生政策"，研究从消费者负担等视角进行综合考虑，认为在对可再生能源提供同等支持时，环境类政策导致的额外消费者负担大大高于专门可再生政策，必须主要依赖专门可再生政策来推动可再生能源技术走向商业化，而不能依赖环境类政策。但也有学者指出，环境类政策符合污染者付费的传统规范，切合经济学的效率与福利观点，是更为有效的可再生能源政策。

也有学者结合具体的"专门可再生政策"展开研究。可再生电力能源发展有其固有的阶段性和规律性，商业化前财政的直接投入和补贴是必要的，甚至是其发展的主要动力，而到产业规模化运行后补贴政策应该有所调整。因此，补贴政策应与可再生电力能源发展的不同阶段相对应。Xiong & Yang（2016）调查了政府对光伏产业补贴的最佳进出时机，首先对在中国上海和深圳证券交易所上市的 72 家光伏企业分类，然后研究政府补贴对企业

不同发展阶段的影响，结果显示：在早期探索阶段，政府补贴可以最大限度地发挥社会和经济效应；在中期和成熟期阶段，补贴对营业额的影响很小并加剧了光伏供给过剩。余杨（2016）则建立平准化电力成本扩展模型测算了中国风能、太阳能电价政策的补贴需求和财税成本，提出急需调整兼顾市场应用和税负成本的新能源政策。李婧舒和刘朋（2013）从 WTO 法律视角下探讨了新能源补贴的相关法律问题，提出运用政府采购扶持新能源产业发展的建议。可再生能源的高成本问题被认为是促进其进一步发展的关键障碍之一。Yuan & Zuo（2011）采用个案研究的方法，探讨中国可再生能源的定价问题。为了从不同的利益相关者的角度探讨这些问题，研究对山东省政策框架和相关统计数据进行了评述。

可再生能源政策引导着可再生能源的开发与使用，在制定可再生能源政策时，不仅要考虑其带来的经济效益和环境改善，还要综合考虑消费者剩余等其他因素，使得整个社会福利最大化，从而对可再生能源利用所带来的综合效益进行系统全面的认识。刘洽和赵秋红（2015）结合中国生物质能政策，建立了可再生能源发电企业、传统化石能源发电企业生产决策模型，分析电价补贴政策、研发投入补贴政策和化石能源碳排放价格政策的影响；然后把消费者剩余、电力部门总收入、补贴（税收收入转移）和环境污染等纳入社会福利函数中构建可再生能源政策决策模型，分析如何制定三类能源政策使社会福利最大化。由于仅考虑了由可再生能源发电企业和传统化石能源发电企业组成的电力供应市场，研究仍属于局部均衡的分析框架。

总之，国家重视、政府主导，在战略规划、法律法规、技术研发等方面给予全力支持和协调管理，是保障可再生能源发电快速发展的关键。Cheng（2016）建立了一种国家级能源效率和可再生能源管理的协同框架，验证了美国国家主管部门在这一框架中发挥的作用；Surana & Anadon

（2015）分析和对比中印如何建设国内风能技术创新体系时，提出中国发展风能主要是通过其国有企业。

2.2 可再生能源补贴与配额

在专门针对可再生能源的支持政策中，上网电价补贴和可再生能源配额是直接促进可再生能源发展的两种最流行的政策，很多研究侧重于对二者的比较。上网电价补贴是以价格为基础的政策，而可再生能源配额是以数量为基础的政策（Lee & Huh，2017）。支持上网电价补贴的研究有Menanteau et al.（2003）、Lipp（2007）、Sovacool（2010）、Dong（2012）和 Ritzenhofen et al.（2016）等；支持可再生能源配额的研究有 Schmalensee（2011）和 Kwon（2015）等。还有一些研究认为两种政策各有优势，如Lauber（2004）、Garcia et al.（2012）、Kwon & Tae-hyeon（2015）和 Sun & Nie（2015）等。

Zhang et al.（2018）认为可再生能源上网电价补贴已成功地用于促进可再生能源的发展，同时也会给政府带来经济负担。研究检验了可再生能源配额和可再生能源证书交易的有效性，研究结果表明：可再生能源证书交易能有效地降低政府支出；与可再生能源上网电价补贴相比，可再生能源配额和可再生能源证书将减少电力部门的利润；可再生能源配额和可再生能源证书交易可能不足以实现可再生能源的目标，特别是当资金成本高时；应实行可再生能源配额、可再生能源证书交易和可再生能源上网电价补贴互补的扶持政策。

Ciarreta et al.（2017）也对绿色证书交易和上网电价补贴进行了比较，对电力市场参与者与绿色证书交易市场之间的战略互动进行建模，并用西班牙 2008—2013 年的电力系统数据校准模型。研究表明，绿色证书交易方案既能实现西班牙 2020 年可再生电力的目标，又能降低监管成本。García-Álvarez et al.（2017）对欧盟 28 国 2000—2014 年间陆上风力发电的上网电价补贴和可再生能源配额政策进行了实证分析，分析了以下几个问题：与没有支持政策的情况相比，两种政策是否实际增加了岸上风力发电数量；哪种政策对增加岸上风力发电更显著有效；结果表明只有上网电价补贴政策对风电装机容量有显著影响。Sun & Nie（2015）比较了上网电价补贴和可再生能源配额两种管制政策的不同效果，发现上网电价补贴比可再生能源配额更有效增加可再生能源数量，可再生能源配额更有效地减少碳排放、改善消费者剩余。Dong（2012）研究了上网电价补贴和可再生能源配额在提高风电装机容量方面的相对有效性；而 Zhang et al.（2017）研究了上网电价补贴和可再生能源配额在生物质能发电方面的有效性。Zhao et al.（2017）运用系统动力学方法，在上网电价补贴和可再生能源配额方案下，建立了中国垃圾焚烧发电行业长期发展模型，并采用情景分析方法进行实证分析评价了两种政策工具在产业发展中的政策效果。

此外，Dong & Shimada（2017）、Ritzenhofen et al.（2016）、Yan et al.（2016）、Kwon（2015）、Ciarreta et al.（2014）、Davies（2012）也做了上网电价补贴和可再生能源配额的对比研究。除了比较上网电价补贴和可再生能源配额政策，Doherty & O'Malley（2011）、Wang & Cheng（2012）单独研究了上网电价补贴政策。而 Bento et al.（2018）、Thurber et al.（2015）、Moore et al.（2014）、Wiser et al.（2011）单独研究了可再生能源配额政策。关于可再生能源上网电价补贴和可再生能源配额的研究梳理详见表 2.2。

表 2.2　可再生能源上网电价补贴与可再生能源配额研究

文献	研究内容	主要研究结论
Zhang et al.（2018）	可再生能源上网电价补贴与可再生能源配额比较	与上网电价补贴相比，配额能有效地降低政府支出，但将减少电力部门的利润
Ciarreta et al.（2017）	可再生能源上网电价补贴与可再生能源配额比较	配额方案既能实现可再生电力目标，又能降低监管成本
García-Álvarez et al.（2017）	可再生能源上网电价补贴与可再生能源配额比较	只有上网电价补贴政策对风电装机容量有显著影响
Sun & Nie（2015）	可再生能源上网电价补贴与可再生能源配额比较	上网电价补贴比配额更有效增加可再生能源数量，配额更有效地减少碳排放、改善消费者剩余
Dong（2012）	可再生能源上网电价补贴和可再生能源配额在提高风电装机容量方面的有效性	
Zhang et al.（2017）	可再生能源上网电价补贴和可再生能源配额在生物质能发电方面的有效性	
Zhao et al.（2017）	可再生能源上网电价补贴和可再生能源配额在垃圾焚烧发电方面的有效性	
Dong & Shimada（2017）、Ritzenhofen et al.（2016）、Yan et al.（2016）、Kwon（2015）、Ciarreta et al.（2014）、Davies（2012）	可再生能源上网电价补贴和可再生能源配额比较	
Doherty & O'Malley（2011）、Wang & Cheng（2012）	单独研究上网电价补贴政策	
Bento et al.（2018）、Thurber et al.（2015）、Moore et al.（2014）、Wiser et al.（2011）	单独研究可再生能源配额政策	

　　在可再生能源发电补贴政策研究中，从国内相关研究看，有些研究集中在总结和借鉴国际发展经验上。如王乾坤（2011）总结了德国可再生能源发电政策法规体系；此外，还有一部分研究是关注技术性问题，如萧晓（2010）在分析了国内外新能源价格补贴政策的基础上，提出应依据新建

项目实际情况重新测算价格补贴实际额度，补贴混燃发电并配套行之有效的技术监测，不断完善监管体系。总体来看，目前关于可再生能源价格补贴研究尚不深入，还有许多认识模糊的地方，有待进一步研究予以厘清深化。国外关于新能源价格补贴政策的研究主要集中在价格补贴机制设计、执行效果、资金来源及其额度控制等方面。从目前的研究文献看，大多由欧盟地区各国的学者主导，侧重对欧美地区实施的上网电价政策进行经验研究。近年来，随着价格补贴机制在世界范围的扩散，美国、印度等国家的学者也开始重视对上网电价政策的研究。

Klein（2008）认为支持新能源发展的成本分担是上网电价机制设计的一个关键方面，即用于支持新能源发展的资金成本由谁来支付。Lund 指出，可再生能源面临的主要瓶颈是其高成本导致的高价格，一是可以直接通过政府补贴来降低发电价格，二是通过向化石能源征税来提高发电价格，从而提高可再生能源发电的价格竞争力，即化石能源对新能源的交叉补贴。Goldemberg 的研究表明，巴西通过对汽车消费者征收汽油税用以补贴乙醇燃料的政策取得了巨大成功。实际上，交叉补贴政策为乙醇燃料企业的健康快速发展提供了资金支持，赢得了技术积累和成本下降的宝贵时间。Menanteau、Finon 和 Lamy 将固定上网电价政策中对新能源电企的补贴划分为三类：全电网消费者对电力生产者的交叉补贴，西班牙和意大利是典型的案例；公用事业部门的补贴，德国 2000 年之前实行的公用事业部门对新能源电力的责任购买就是此类；有的国家或地区则实行前两类兼而有之的补贴政策，丹麦为典型，其固定电价为国内电力市场平均价格的 85%，再加上碳税的补贴。Held 等比较了德国、西班牙和斯洛文尼亚欧洲三国所实行的上网电价政策，指出三国实行了不同的价格补贴分担机制，其中，西班牙和斯洛文尼亚是全网消费者共同分担，而德国是除能源密集型产业外的其他所有电力消效者共同分担。Klein（2008）的研究也表明，在大多数的欧盟国家中，新能源发电的支持成本是通过计入电价的形式，由所有电力消费者均摊的。但是，他们进一步分析了由于新能源电力生产导致的电价上升对不同的消费者群体产生的不同影响，认为在那些电力成本占支出很大比重的电力密集型产业部门，平均的价格分摊机制可能会使其国际竞争力受到影响。为了减小这一压力，奥地利、荷兰、丹麦、德国、卢森堡等欧洲国家通过区分消费者类型来执行不同程度的成本分担政策。目前，国外关于各种价格分摊机制的优缺点和比较分析有待接受进一步验证。

多数研究结果显示出对 FIT 政策的支持。Held et al.（2006）分析了欧盟可再生能源电力推广的政策策略，得出 FIT 政策能确保可再生能源电力以最低成本得到推广的结论；Hui et al.（2015）使用能源供应系统与环境影响的多区域模型分析了中国清洁发电技术的门槛，认为短期内 FIT 是有效的解决政策。FIT 的政策影响是研究的热点和重点，Koo（2017）检验了韩国 FIT 和清洁发展机制对可再生能源投资项目的影响，进行投资分析的四个案例包括太阳能、水电、风能和垃圾填埋气项目。Liu et al.（2015）使用平准化电力成本模型（LCOE）研究风力发电成本问题，得出 FIT 政策有利于吸引投资的结论。Ciarreta et al.（2017）认为 FIT 的可再生能源激励政策已经使可再生装机容量达到较高水平。然而，这些激励措施并没有对市场状况或价格信号作出反应，导致在某些情况下当可再生能源达到显著水平时，给消费者造成巨大的财政负担。解决这一问题的方法可能是基于市场机制的激励机制能对可再生能源的投资水平作出反应，比如基于绿色证书交易的监管系统。下面按研究方法进行梳理。

2.2.1 计量方法

Smith & Urpelainen（2014）使用工具变量来估计 1979—2005 年 26 个

工业化国家的 FIT 对可再生发电的因果关系。研究发现，每千瓦时增加 1 美分的 FIT 将使可再生电力占总电量的百分比变化增加 0.11%；如果一个国家实施了 10 年 FIT 政策，意味着 FIT 为 3 美分，那么可再生电力的份额将增加 3.3%，证明了 FIT 是一种增加可再生发电的有效方法。Blazejczak et al.（2014）使用"部门能源经济计量模型"（计量多国经济模型），分析和量化了 2030 年前德国可再生能源配置的经济效应。结果表明，可再生能源的扩张对德国经济增长具有正的净效应；净效应虽小但影响是积极的，很大程度上取决于劳动力市场状况和政策。Kilinc-Ata（2016）使用面板数据揭示了 FIT 是刺激可再生能源发电的有效政策，这一政策有利于全球可再生能源的部署（Couture et al.，2015）。然而，Jenner et al.（2013）使用欧盟国家 1992—2008 年的面板数据研究发现，FIT 并不能促进风电的发展。不同研究的结果有差异，与研究中计量指标的选取有关。Shrimali & Jenner（2013）使用回归模型对美国太阳能发电进行研究。

吴力波等（2015）通过构建由传统火力发电企业和绿色能源发电企业两类主体构成的局部均衡模型，比较了不完全竞争的电力市场中，可再生能源上网电价补贴制度与可再生能源配额对可再生能源发电总量和份额的影响。结果表明，在寡头垄断的电力市场中，FIT 政策比配额政策更能有效促进可再生能源发电总量和比重的上升。模型中配额政策下的均衡电价高于 FIT 政策的情况，导致对绿色能源的需求下降。对欧盟 2004—2011 年面板数据的分析表明 FIT 政策对风力发电总量有显著促进作用。Nicolini & Tavoni（2017）检验 2000—2010 年期间，对可再生能源的政策支持是否有效地促进了五大欧洲国家的可再生能源。计量分析表明，补贴与激励能源的生产、安装容量之间存在正相关关系，且这些政策在短期和长期都对促进可再生能源的发展是有效的；FIT 优于绿色证书交易机制（Dong，2012；Marques et al.，2010；Gan, et al.，2008）。

2.2.2 投入产出方法

此外，Behrens et al.（2016）基于葡萄牙 2000—2010 年的数据建立能源 – 经济投入产出模型，量化了 FIT 对环境、经济和社会的影响，发现可再生能源的发展明显减少了排放量，增加了 GDP，创造了就业，对应对气候变化至关重要；由于研究假设葡萄牙在 2000—2010 年期间的可再生能源没有扩张，因而研究是反事实的。Lehr et al.（2008）通过设计可再生能源投入产出向量讨论了德国可再生能源补贴政策对就业的积极影响。Frondel et al.（2010）也发现可再生能源补贴政策对德国就业的影响是积极的。Cai et al.（2011）使用投入产出模型探讨中国绿色经济与绿色就业的关系，研究发现在 2010 年每 1% 个太阳能光伏发电份额的增加，中国的总就业人数可能会增加 0.68%。Cai et al.（2014）使用投入产出模型分析中国发展可再生能源对就业的影响，定量分析表明，从 2011 年到 2020 年，可再生能源的发展将带来 700 万元的就业收益。Garrett-Peltier 运用投入产出分析方法比较了支出相同价值的清洁可再生能源和化石能源对就业的影响，发现一百万美元的清洁能源支出比同等价值的化石能源支出多创造 5 个工作岗位。

2.2.3 可计算一般均衡分析方法

尽管 CGE 模型包含了投入产出模型的很多特点，但二者还是有一些不同（Rose，1995）。与投入产出模型相比，CGE 模型使用非线性函数并且允许生产投入间的替代。Bohringer et al.（2012）使用 CGE 模型研究加拿大的 FIT 政策对就业的影响是负面的。Bohringer et al.（2013）和 Proenca and Aubyn（2013）建立静态 CGE 模型分别分析了德国和葡萄牙可再生能源促进政策的影响。Tabatabaei et al.（2017）利用经济 – 能源 – 环境一般均衡模型研究了 FIT 政策对伊朗经济、福利和环境的影响，不同情景的分析结果表明：政府补贴资金的利用方式影响 FIT 政策效果；技术中性情景下的 FIT 政策最有效，其对 GDP 下降的影响较小且花费较少的财政资金。Chatri et al.（2018）采用可计算一般均衡模型研究电力部门可再生能源扩张对马来西亚经济的影响，结果表明上网电价补贴有助于电力部可再生能源的扩张。

Wu et al.（2016）通过建立多区域静态 CGE 模型模拟了中国新能源电价补贴政策对宏观经济、部门二氧化碳排放和区域电力需求弹性的影响。Qi et al.（2014）使用动态模型评价中国可再生能源促进政策对二氧化碳排放的影响。Mu et al.（2018）基于静态 CGE 模型（CHEER）深入分析中国的可再生能源政策对不同类型就业的影响，并指出影响依赖于财政补贴的方式。Dai et al.（2016）建立动态 CGE 模型研究中国可再生能源发展（非 FIT 方式）的影响，发现其宏观经济成本不大。

Chunark et al.（2017）采用亚太一体化模型 / 可计算一般均衡（AIM ／ CGE）评估了泰国利用可再生能源减少温室气体（GHG）排放的潜力以及温室气体减排的经济影响。结果表明，按照泰国 2015 年电力发展计划中的可再生能源目标，泰国的 INDC 是可以实现的；在温室气体减排目标较轻的情况下，宏观经济损失较小，但在严格的温室气体减排目标下，宏观经济损失较大；在 20% 的减排目标的情况下，GDP 的损失为 0.2%，在 40% 的减排目标的情况下，GDP 的损失为 3.1%。同样采用 AIM/CGE 模型，Mittal et al.（2016）比较了中国和印度的可再生能源目标。比较结果表明，与印度相比中国需要大幅提高非化石燃料在一次能源结构中的份额，以实现严格的减排目标；通过增加可再生能源的渗透率以实现相同的减排目标，可以减少在经济和福利损失方面的减排成本；协调一致的气候和可再生能源政策有助于以低成本方式实现温室气体减排目标。Li et al.（2017）、

Dai et al.（2017）也利用 CGE 模型进行了研究。

2.2.4 其他方法

CGE 模型是一种典型的自顶向下模型（Top-Down Model）①，而自底向上模型（Bottom-Up Model）也常用于分析可再生能源相关的问题（Park et al., 2016；Wiesmann et al., 2011；Wei & Kammen, 2008；Wing et al., 2008；Nie, 2008；Wing, 2006）。该模型是基于工程技术模型，对能源消费和生产中的技术进行仿真计算，并进行环境影响分析的方法。

此外，还有 Real Option 模型方法用于评估一些可再生能源发电项目（Zhang et al., 2014；Santos et al., 2014；Boomsma et al., 2012；Martínez-Ceseña et al., 2011；Lee & Shih, 2010；Kumbaroğlu et al., 2008；Siddiqui et al., 2007）。

2.3 化石能源环境税

化石能源环境税是间接促进可再生能源发展的另一重要方式，也是世界各国环境污染治理的重要手段。但是，征收环境税也可能增加企业的经济运行成本，造成经济产出下降，对经济增长造成负面影响（陈素梅和何凌云，2017）。关于征收环境税是否损害经济增长的观点至今仍存在争议，一直是学界讨论的焦点。Pearce（1991）最早提出了征收环境税对经济增长的影响这一问题，并认为征税在改善环境状况的同时，还能够通过税收收入再分配，减少征税对经济的扭曲，增加居民收入。然而，Parry（1995）从一般均衡的视角研究，却得出相反的结论——征税的扭曲效应

---

① 以经济学模型为出发点，以能源价格、经济弹性为主要的经济指数，集中地表现它们与能源消费和能源生产之间的关系，主要适用于宏观经济分析和能源政策规划方面的研究。

变得更加严重。Schneider（1997）基于效率工资模型发现，如果征收环境税并将其收入用于降低劳动税税率（在劳动税税率较高的情况下）以减少自愿失业，则有利于增加居民福利。Chiroleu & Fodha（2006）利用世代交叠模型也进行了与 Schneider 类似的研究，同样发现当环境税收入用于降低劳动税税率时，居民的福利水平将会显著增加。Schwartz & Repetto（2000）从环境质量和闲暇时间影响居民福利的视角研究，发现征收环境税能够实现环境改善与经济增长的双重目标。（Bovenberg & Heijdra，2008）认为碳税能够实现治理空气污染和提高居民福利、产出水平的“双重红利”。“双重红利”效应能否实现还要取决于其他一些具体因素，如劳动、资本和能源彼此间的替代弹性（Orlov，2012），地域经济发展水平（Ciaschini，2012）等。

国内学术界关于征收环境税对经济增长的讨论也存在分歧，部分研究认为征收环境税不会损害经济增长，还可能实现经济的可持续增长。张为付和潘颖（2007）认为会有一个最优的环境税税率，这个税率在改善因国际贸易所造成的全球环境恶化问题的同时还能够提高全球经济福利。合理地设计环境税收入的再分配利用方式，会促进经济增长、提高居民生活质量，同时促进节能减排（高颖和李善同，2009）。梁伟等（2013）认为如果将碳税的收入返还考虑在内且合理运用，能够增加居民福利、降低对宏观经济的不利影响。然而，也有一些研究认为征收环境税会损害国民经济增长（王德发，2006；杨岚等，2009）。王灿等（2005）和杨翱等（2014）研究发现征收碳税将损害经济增长，对就业造成负面影响。此外，肖俊极和孙洁（2012）研究发现，征收燃油税抑制汽车消费使得燃油消耗显著降低，但也对社会福利造成一定损失。

在碳税研究方面，Guo et al.（2014）建立全国静态 CGE 模型，基于中国 2010 年投入产出表分析碳税政策对碳排放、经济增长、就业及大气环境的影响时发现，高碳税政策下的碳减排目标将更容易实现，清洁能源也会得到长足发展但 GDP 会受到负面冲击。Lu et al.（2010）建立动态 CGE 模型分析碳税对中国经济的影响，发现碳税可以有效实现碳减排并且对 GDP 造成较小的负面影响。叶金珍和安虎森（2017）建立包含空气污染的动态均衡模型，研究结果显示：在税率合理的前提下，环保税在有效治理空气污染的同时又能够稳定经济增长，但不合理的行政干预手段会影响环保税的实施效果；此外，差异化的环保税率和统一性环保税率各有优劣，前者将激励污染行业转移，但后者的长期空气治理效果更优。在国外，Allan et al.（2014）基于苏格兰 2000 年社会核算矩阵建立能源－经济－环境可计算一般均衡模型，分析征收碳税对二氧化碳的减排作用和经济影响，发现征收每吨 50 欧元的碳税能够实现 2020 年二氧化碳排量比 1990 年低 42% 的目标。而 Beck et al.（2015）同样利用可计算一般均衡模型分析了加拿大的碳税政策。

在硫税研究方面，He（2005）基于中国 1997 年投入产出表建立可计算一般均衡模型探究工业二氧化硫减排的经济影响，模拟结果显示脱硫政策下经济增长速度会下降，二氧化硫减排的实现途径是能源间的替代作用。Xu & Masui（2009）同样用中国 1997 年投入产出表编制社会核算矩阵，建立可计算一般均衡模拟了四种硫税情景，发现最优的情景是控制二氧化硫排量的同时加快能源利用效率提高的速度，此情景下 2020 年需要征收约每吨 10500 元的硫税，GDP 增速在短期下滑而长期受益。马士国和石磊（2014）基于中国 2007 年投入产出表建立 CGE 模型，研究了征收硫税对中国经济与产业结构的影响，研究发现：征收硫税导致煤炭、石油等行业的产量下降，电力、天然气产业的价格上升；征收硫税增加了政府储蓄。魏巍贤等（2016）研究硫税的经济影响时发现，征收硫税在改善大气环境问题的同时还能带来碳减排的协同效益，但会对经济增长造成一定负面影响。

在环境税与专门可再生能源政策组合研究方面，Kalkuhl et al.（2013）评价了可再生能源政策对福利和能源价格的影响，采用跨期全球一般均衡模型研究碳税和可再生能源补贴的不同政策组合对碳减排的最优选择问题，而 He et al.（2015）针对中国进行了类似的探索。张晓娣和刘学悦（2015）基于 OLG-CGE 模型，模拟在未来 35 年，征收碳税和发展可再生能源对经济增长及居民福利的影响。动态分析发现：征收碳税和发展可再生能源这两种政策的宏观经济效应相反，但都将抬高平均能源价格；如果中国的可再生能源份额提高到 35%，在短期，能源推动型价格上涨将抑制消费、投资及产出增长；在长期，可再生能源的发展将加速资本与劳动供给、推动能源节约型技术进步，最终带动增长回升。

除了环境税与专门可再生能源政策的组合研究，为了减少温室气体排放，还引入了其他政策工具，如碳定价和可再生电力补贴。Tu et al.（2017）构造了一个局部均衡模型来研究碳定价和可再生能源补贴之间的相互作用，研究结果表明中国政府对可再生能源电力补贴可能导致二氧化碳价格暴跌。Daia et al. 使用 CGE 模型评估通过排放交易计划（ETS）和可再生能源政策实现中国国家自主贡献的经济影响。结果表明，电力和航空部门具有相对较高的减排成本，成为碳信用的主要买家，而化工、非金属生产、钢铁、纸张等制造业的减排成本相对较低，成为主要卖家；排污权交易被证实是一种经济有效的方法，有助于以较低的经济成本实现减排目标。Abrell & Weigt（2008）也做了排放交易和可再生能源促进政策的研究。Zhao et al.（2018）研究得出碳税和碳排放交易结合起来的政策有助于优化能源结构促进可再生能源发展。Mu et al.（2017）将可再生能源配额和碳市场结合，探讨实现中国国家自主贡献的经济影响。

第3章　可再生能源现状及发电支持政策

3.1 可再生能源发展现状

中国的可再生能源产业在"十二五"期间进入全面、规模化发展阶段，表现出大范围增量替代和区域性存量替代的特征。

2015 年，中国的可再生能源利用量占初次能源消费总量的 10.1%，达到 4.36 亿吨标准煤。如果将核电考虑在内，中国的非化石能源利用量占初次能源消费总量的 12%，与 2010 年相比提高了 2.6 个百分点。2015 年底，全国水电装机、风电并网装机和光伏并网装机分别达到 3.2 亿千瓦、1.29 亿千瓦和 4318 万千瓦。太阳能热利用规模在全球位居首位，应用面积超过了 4 亿平方米；各类生物质能年利用总量达到 3500 万吨标准煤，呈现多元化发展态势。2015 年底，全部可再生能源发电总量达到 1.38 万亿千瓦时，占到全社会用电总量的 25%，其中，非水电可再生能源发电量占比达到 5%（可再生能源十三五规划，2016）。在推动能源结构优化调整方面，可再生能源的作用不断深化加强。到 2016 年，中国的可再生能源供应总量占初次能源消费总量的 10.8%，达到 4.8 亿吨标准煤。可再生能源发电总装机容量从 2010 年的 2.54 亿千瓦增加到 2016 年底的 5.7 亿千瓦，在全国总发电装机容量中的比重从 2010 年的 26% 增加到 2016 年底的 34.6%。2016 年可再生能源总发电量达到 15058 亿千瓦时，占全部发电量的比重也从 2010 年的 18% 增加到 25.4%。

十三五"期间我国可再生能源年发电装机容量和发电量占比如图 3.1 所示。

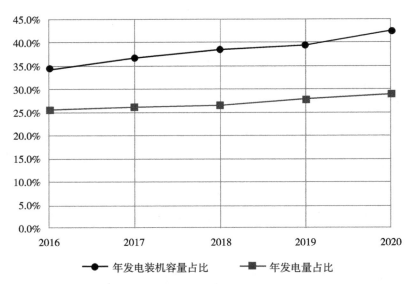

图 3.1　"十三五"期间我国可再生能源年发电装机容量和发电量占比

数据来源：中国可再生能源产业发展报告 2020

"十三五"期间我国可再生能源年发电装机容量从 50202 万千瓦增加到 93464 万千瓦，年均增长 13.2%。可再生能源年发电量从 13800 万千瓦时增加到 22154 万千瓦时，年均增长 9.9%。

3.1.1 水电

2016 年，全国净增的水电装机容量达到 1259 万千瓦，其中，新增抽水蓄能电站机容量为 366 万千瓦。到 2016 年底，全国水电装机容量达到 3.3 亿。抽水蓄能电站具有运行调节灵活的特性，在可再生能源电力系统中发挥着越来越重要的作用。截止到 2016 年底，全国抽水蓄能电站装机容量达到 2669 万千瓦。在颁布的《电力发展"十三五"规划》中计划"十三五"期间，抽水蓄能电站新投产 1700 万千瓦左右，实现到 2020 年装机容量 4000 万千瓦。全国全口径水电发电量同比增长 6.2%，发电设备利用小时数 3621 小时，比 2015 年提高了 31 小时，成为近 20 年来的年度第三高水平。

在用电需求方面，2016 年用电需求增长明显放缓，在云南省出现用电需求负增长现象。由于跨省水电交易受阻的原因，云南、四川两省在水电项目集中投产的情况下出现了较为严重的弃水现象，水电外送通道川渝特高压交流建设的滞后进一步加剧了弃水现象。2016 年，云南、四川两省的水电弃水电量达到 478 亿千瓦时。

3.1.2 风电

我国风电布局进一步优化，全国所有省（区、市）均有风电项目分布。2016 年，全国新增风电并网装机容量 1930 万千瓦，较 2015 年有所回落，同比下降 41%。截止到 2016 年底，全国风电累计装机容量达到 14868 万千瓦，同比增长 15%；其中，"三北"地区累计装机容量在全国总量中占比 77%，与 2015 年相比下降 4 个百分点。2016 年底，海上风电累计并网装机容量达到 148 万千瓦，同比增长 164%，主要位于江苏省、上海市和福建省。2016 年，全国风电发电量达到 2410 亿千瓦时，在全国发电总量中占比 4.2%。

"十三五"期间我国风电装机容量和发电量增长率如图 3.2 所示。风电行业通过技术进步、产业升级、成本降低等方式大规模发展。2020 年我国风电累计装机容量 28153 万千瓦，海上风电累计装机容量 899 万千瓦，完成"十三五"规划目标。

在风电产业方面呈现出下列现象：大容量机组继续快速发展，海上风电制造厂初成规模，风电服务业正逐步崛起且成为风电产业的重要组成部分，绝大多数风电零部件制造能力接近国际先进水平，能满足主流机型配套需要。2016 年，累计装机容量排名前十的风电开发商总装机容量占全国总量的 69.4%，超过了 1 亿千瓦，前十位的风电制造企业市场份额占到

84.2%，风电行业集中度有所下将，风电制造业市场集中度有所提高，竞争进一步加剧。

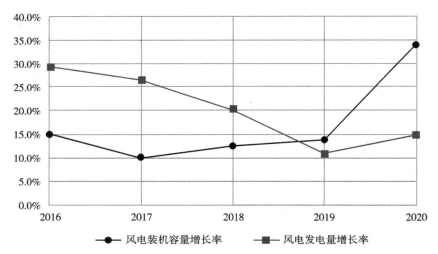

图 3.2 "十三五"期间我国风电装机容量和发电量增长率

数据来源：中国可再生能源产业发展报告 2020

然而，2016 年全国弃风总电量 497 亿千瓦时，同比增长 52%，弃风弃电现象与 2015 年相比进一步恶化，连续第三年增加。2011—2020 年的弃风情况如表 3.1 所示。造成弃风的原因主要包括四点：一是电力供需失衡，虽然 2016 年全国全社会用电量年增速达到 5%，但"三北"地区用电量增长极慢，部分省区仍处于负增长状态，同期各类电力装机增速过快，尤其是煤电新增装机规模仍较大，电力市场供过于求的局面仍普遍存在；二是 2015 年底风电电价政策调整造成的抢装，"三北"地区风电装机在短时间内大量并网，进一步增加了风电并网消纳难度；三是风电就近消纳能力不足，风电送出和跨省跨区消纳受限；四是电力运行体制问题造成"三北"地区煤电与风电等可再生能源之间抢夺有限的电力市场空间的情况日益激烈和严重。

2020 年风电消纳持续向好，一是通过对"三北"地区火电的灵活改造，提升了电力系统的灵活调节能力；二是青海－河南特高压直流工程正式投运，扩大了周边地区新能源的外送消纳规模。

表 3.1　2011—2020 年我国弃风情况

年	弃风电量（亿千瓦时）	弃风率（%）
2011	123	16
2012	208	17
2013	162	11
2014	126	8
2015	339	15
2016	497	17
2017	419	12
2018	277	7
2019	169	4
2020	166	8

数据来源：中国可再生能源产业发展报告 2020

为保证风电产业健康、有序发展，不断提高风电利用水平，国家能源局于 2016 年制定了《风电发展"十三五"规划》。规划明确了"十三五"期间风电产业发展的重点：促进风电就近并网消纳、优化陆上风电规划布局、积极参与电力市场改革、推动行业优能劣汰、加强行业监管等。同年，国家发展改革委和能源局分别发布了《可再生能源发电全额保障性收购管理办法》《关于做好 2016 年度风电消纳工作有关要求的通知》《关于下达 2016 年全国风电开发建设方案的通知》和《关于建立监测预警机制促进风电产业持续健康发展的通知》等一系列文件，应对风力发电消纳问题。通知明确了主体、形式、保障性收购利用小时数和上网标杆电价，根据各个地区弃风弃电情况对当地风电项目规划、建设、核准进行监管和把控，并提出了以可再生能源利用情况为目标的引导制度——国家能源局

《关于建立可再生能源开发利用目标引导制度的指导意见》。与此同时，随着电力市场改革的推进，各类多能互补和风电供暖项目的开展，以及加快推进分散式接入风电项目的建设，当地火电灵活性技术改造推进、跨省跨区电力调度以及大型基地配套电网的投运，缓解弃风限电现象。

2017 年，全国（除港澳台地区外）新增装机容量 1966 万千瓦，同比下降 15.9%；累计装机容量达 1.88 亿千瓦，同比增长 11.7%，增速放缓。2020 年，我国风电新增装机容量实现历史性突破，全年新增 7167 万千瓦，累计 28153 万千瓦。我国 2011—2020 年风电装机容量如图 3.3 所示。

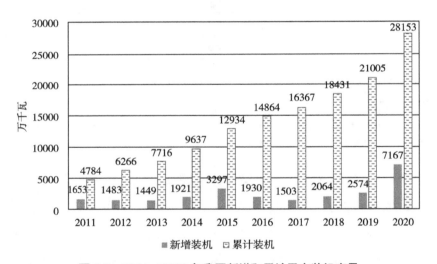

图 3.3　2011—2020 年我国新增和累计风电装机容量

数据来源：中国可再生能源产业发展报告 2020

3.1.3 太阳能

2016 年，中国光伏发电发展主要表现出以下五个特点：（1）装机再创新高：全国光伏发电新增装机容量创历史新高，全年新增装机容量达到 3424 万千瓦，同比增长 126%，在全球新增光伏装机市场中占比 46%，列位全球第一；全国光伏发电累计装机容量达到 7742 万千瓦，在全部发电设备容量中占比 4.7%。（2）布局更加合理：受市场和政策引导，光伏发电市场重心加速向中东部转移，累计装机容量在全国占比有一定提升，布局更趋于合理。（3）分布式光伏发电虽不及预期但提速明显："光伏 +"多元化利用推动了分布式光伏发展，提速明显，累计装机容量突破 1000 万千瓦。2016 年，中国光伏发电量达到 662 亿千瓦时，在全国总发电量中占比 1.1%。（4）弃光限电范围有所扩大，困扰西北地区大规模发展：2016 年，全国弃光电量达到 73.9 亿千瓦时，平均弃光率约为 10%，主要集中在"三北"地区。（5）光伏发电投资开发企业多元化：光伏产品技术水平继续大幅提升，单晶及多晶电池片产业化效率稳步提高，组件、模块和材料产业化规模持续扩大，集中度不断提高，投资成本大幅降低。单晶及多晶电池片产业化效率分别从 2010 年的 18% 和 16.5% 提升到 2016 年的 19.8% 和 18.6%，光伏发电投资成本从 2010 年的每千瓦 4 万元左右降低到 2016 年的约每千瓦 7000 元。

2011—2020 年我国新增和累计光伏发电装机容量如图 3.4 所示。值得指出的是，2016 年开展的"光伏领跑基地"招标对降低电价作用显著，通过对土地、电网接入、税费等非技术成本的控制，大大降低了光伏开发的总体成本。2016 年 8—10 月先后开展的山西阳泉和芮城、内蒙古包头和乌海、山东济宁和新泰、安徽两淮等"光伏领跑技术基地"项目招标工作，招标电价较同地区标杆电价水平显著下降，并出现了 I 类资源区 0.45 元 / 千瓦时、III 类资源区 0.61 元 / 千瓦时的最低报价。从效果看，"光伏领跑技术基地"招标对降低电价作用显著，实现了光伏发电成本和价格需求的目标。另外，经过 3 年的探索和实践，作为落实精准扶贫、精准脱贫的一项重要举措，国家能源局还组织实施光伏扶贫，2016 年 10 月公布了第一批共 516 万千瓦的光伏扶贫项目。2020 年，我国光伏新增装机容量 4859 万千瓦，累计 25289 万千瓦。

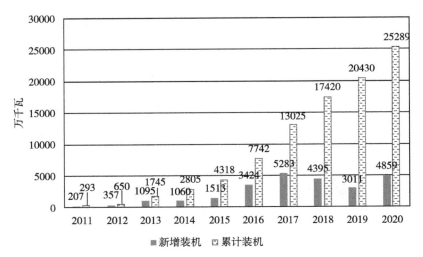

图 3.4 2011—2020 年我国新增和累计光伏发电装机容量

数据来源：中国可再生能源产业发展报告 2020

在太阳能热发电方面，2015 年国家能源局启动了"太阳能热发电示范项目"，激发了地方政府和相关企业对太阳能热发电技术应用的积极性。2016 年 9 月，评选确定了第一批总装机容量达到 135 万千瓦的 20 个光热发电示范项目，这些项目分布于河北、内蒙古、甘肃、青海和新疆，所有项目于 2018 年底全部投运。此外，在招标的基础上相应确定了示范项目配套的太阳能热发电标杆上网电价（每千瓦时 1.15 元）。光热发电示范项目和上网电价的确定，带动了光热发电产业的快速发展，到 2016 年底的时候已建成 7 座中小规模光热电站，备案在建的有 20 座。然而，由于缺乏成熟技术产业体系和建设经验，大部分示范项目建设进度低于预期，而且其发电成本仍远高于其他类型可再生能源发电，还需更多的投入和建设运行经验促进其产业化、规模化发展。

在太阳能热利用方面，中国太阳能热利用市场 2016 年持续下滑，是自 2014 年市场出现首次下跌以来连续第三年下滑，当年新增量为 27.6 吉瓦时（集热面积 3950 万平方米），户用市场逐渐萎缩。由于中国国家层面原有的激励政策业已终止，太阳能热利用十分需要国家在税收、补贴、金融等政策上进行引导和推动，尤其是在太阳能供暖制冷、太阳能工农业利用等新兴应用领域，如此才能实现产业制造水平、标准体系和质量监控的提升，才能实现既有的"十三五"发展目标，才能发挥出其在节能减排方面的重要作用。

3.1.4 生物质能

生物质发电装机规模继续增长，发电效率稳步增加，生物质能产业规模稳步增长。截止到 2016 年底，生物质发电并网装机容量达到 1214 万千瓦，比 2015 年增长 17.6%；发电量达到 647 亿千瓦时，比 2015 年增加 422.8%。2016 年，垃圾焚烧发电项目并网装机容量约达到 574 万千瓦，比 2015 年增长约 22.6%，增长速度明显快于农林生物质直燃发电项目；沼气发电并网装机容量约达到 35 万千瓦。2020 年生物质能总量构成如图 3.5 所示。

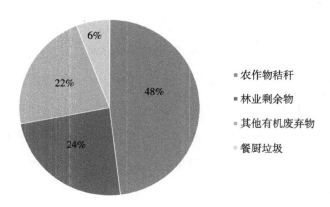

图 3.5　2020 年生物质能总量构成

数据来源：中国可再生能源产业发展报告 2020

生物质供热和生物燃料市场规模进展相对缓慢。2016 年生物燃料乙醇产量约为 250 万吨。在生物质供热方面，2017 年 5 月财政部、住房城乡建设部、环境保护部、国家能源局联合发布《关于开展中央财政支持北方地区冬季清洁取暖试点工作的通知》，以及国家能源局正在编制的《北方地区清洁取暖规划》将为生物质供热发展创造良机。在城乡接合部、农村等农林剩余物相对丰富的地区，利用生物质锅炉供热替代分散燃煤小锅炉，既可以使当地的生物质资源得到充分利用，又可以极大改善环境质量，而且从经济性和可持续发展角度考虑，生物质锅炉供热比电供热或燃气供热更显优势。近期中国生物质能产业发展方向将是生物质资源的高值化开发和清洁化利用。

3.1.5 地热和海洋能

中国的地热发电呈现出持续增长但增速缓慢的特征。2016 年，地热发电装机容量达到 27.28 兆瓦，其中，西藏羊八井高温地热电站装机容量在总装机量中占比接近 100%，高达 26.18 兆瓦。目前，西藏羊八井高温地热电站的年发电量约为 1 亿千瓦时，累计发电量超过 24 亿千瓦时。

中国的地热能热利用包括中低温地热水直接利用和地源热泵等。自 2004 年，地源热泵发展迅速，供暖面积年增长达到 1800 万平方米到 2300 万平方米，供暖面积年增长率大于 30%。2015 年，国家能源局颁布了《关于征求地热能开发利用"十三五"规划意见函》，将发展地热能纳入中国"十三五"可再生能源发展的整体布局。2017 年初，在国家发展改革委、国家能源局、国土资源部联合颁布的《地热能开发利用"十三五"规划》中阐述了开发利用地热能的指导方针、目标、重点任务、重大布局，以及规划实施的保障措施等。规划为"十三五"时期中国地热能开发利用提供了基本依据，提出中国在"十三五"期间将新增 11 亿平方米的地热能供暖（制冷）面积。据统计，全国 31 个省（市、区）均分布有浅层地温能开发利用项目，有 3400 个浅层地温能供暖或制冷的住宅小区、学校、工厂等单位。

海洋能方面，为推进海洋能开发利用水平，2016 年 12 月，国家海洋局颁发了《海洋可再生能源发展"十三五"规划》，提出到 2020 年海洋能利用的标准体系初步建立。目前，中国正稳步推进首个潮汐电站示范工程建设，首个模块化潮汐能发电机组完成海上安装并实现发电，开启了中国潮汐能发电的产业化之路。同时，中国也正稳步推进波浪能发电技术的研究。在全球能源转型背景下，海洋能作为可再生能源的重要组成部分，在"十三五"时期布局一批海洋能重点发展区域对完善配套平台建设具有重要意义。虽然中国对海洋能技术研发工作投入较大，海洋能利用技术也有所突破，潮汐能技术具有较成熟的开发能力，但由于目前海洋能利用项目规模较小，远未形成产业化规模，相关技术仍不成熟，还需要以科技创新、示范项目推动产业发展。

3.2 可再生能源发电支持政策

本书将可再生能源发电支持政策分为专门可再生政策和环境类政策。其中，专门可再生政策是直接针对可再生能源发电的相关扶持政策，而环境类政策是针对化石能源间接影响可再生能源的政策。专门可再生政策从电价和补贴机制表现形式上说主要有固定电价即可再生能源上网电价补贴政策（Fit-in Tariff，FIT）、招标电价即可再生能源竞争性招标政策（Tendering）和市场电价即可再生能源配额政策（Renewable Portfolio Standard，RPS），这些价格机制和政策各有特点。环境类政策主要指化石能源环境税，如碳税和硫税。

3.2.1 可再生能源上网电价补贴政策

1. 内涵

可再生能源上网电价补贴政策（Feed-in Tariff，FIT）是指政府权力机关明确规定可再生能源电力的上网价格，并强制性要求电网公司以固定价格全额收购服务范围内符合标准的可再生能源电力。由于可再生能源发电企业是以一个固定价格售卖给电网公司的，因此可再生能源上网电价补贴政策又称作固定电价政策。而各类可再生能源电力的上网价格的确定主要依据他们发电的标准成本，电网公司必须按照这样明确的价格向可再生能源发电企业支付费用，因此又被称作强制购电法。需要强调的是，虽然是"固定"价格，指的是定价方具有稳定性，而非价格水平固定不变。

上网电价政策虽然有许多种表现形式，但他们的含义基本相同。如德国在 1990 年颁布的电力入网法（Stromeinspeisungsgesetz or StrEG），其英文翻译为 Electricity Feed-in Law，它有时也被称为固定电价政策（Fixed-price Policies）、最低价格政策（Minimum Price Policies）、强制上网法（Feed Laws or Feed-in Laws）等。在美国，有时还称其为可再生能源支付政策（Renewable Energy Payments）或者可再生能源红利政策（Renewable Energy Dividends）。不同的说法让该政策变得非常复杂，在政策制定者和投资者当中产生了诸多误解。目前，流行的叫法为上网电价政策。

从国际上来看，成功的上网电价政策一般包括保证可再生能源发电上网、长期稳定的采购合同（通常是 15~20 年不等）、以可再生能源发电成本为基础确定电价水平三个关键条款，这三个条款其实是其定义的延伸。通过签订长期、稳定的可再生电力采购合同，实现重点支持可再生能源项目开发的目的。政府授权专门的机构作为监管部门，监管部门根据各种可再生能源发电技术的实际发电成本或者根据电力平均价格确定电价并定期做出调整（任东明，2013）。电价保证和上网保证有利于解决可再生能源发电上网难的问题。

尽管政府不对生产多少可再生能源电力做出明确的规定，在市场经济条件下，通常电价一旦被确定，可再生能源电力的生产量则基本由市场调节决定，可再生能源电力的生产企业会根据市场需求、利润率的高低等因素，自主决定参加可再生能源电力的生产与否，FIT 显然是一种可再生能源供应政策。

2. 特点

典型的 FIT 政策具有强制上网、固定上网电价和电价分摊等基本特点：（1）强制上网：电力公司必须允许可再生能源企业生产的电力入网，并根据政府规定的电价费用支付，可再生能源电力生产企业向让其入网的电力企业出售生产的电力，并得到合理的回报。（2）固定上网电价：政府根据不同的可再生能源技术类型及其发电总量设定合理的上网电价，明确的上网电价应该具有一定的吸引力，能够鼓励接近商业化但目前经济性较差的可再生能源项目的开发。（3）电价分摊：电价附加通过财政转移支付、电力加价或建立基金会等形式，由全国范围的电力消费者进行分摊。

为了实现可再生能源多元化发展，中国实行分类上网电价制度。所谓分类上网电价，就是具体按照风力发电、太阳能发电、小水电、生物质能发电等不同类型发电技术的成本，实施有区别的上网电价水平。

3. 经济学原理

固定电价政策明确规定可再生能源电力的上网价格，固定价格的确定取决于可再生能源发电成本价和风险收益两个因素。由于确定的固定价格高出整个市场的平均电力价格，因此，固定电价政策的实质是对可再生能源电力生产企业的一种"补贴"。

固定电价政策的经济学原理如图 3.6 所示。固定电价政策激励企业生产有可以获得的可再生能源电力，直到生产可再生电力的边际成本 MC 等于明确规定的固定价格 P_m 为止，相应的生产数量为 Q_{out}。在发展初期，可再生能源电力企业具有不断上升的边际成本曲线，可再生能源的发电成本高于传统化石能源的发电成本，可再生能源电力价格高于传统化石能源电力价格。假设 P_e 为传统能源电力的价格，则 b 为整个可再生能源电力生产的额外成本。b+c 的面积表示可再生能源发电的总成本（而非 a+b+c 的面积），而对可再生能源发电的补贴则表示为 a 的面积。技术成本、政治上对可再生能源政策的接受程度、以及相关法规明确的可再生能源发电数量等多个因素决定了边际成本曲线的形状，边际成本曲线的形状又决定了可再生能源总成本的大小（黄珺仪，2011）。

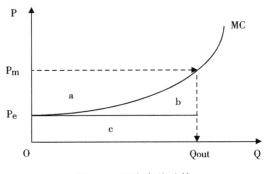

图 3.6　固定电价政策

4. 实践

中国从 2009 年开始，对风电产业实施固定电价政策，国家发展与改革委员会印发了《关于完善风力发电上网电价政策的通知》，根据风能资源条件等情况将全国分为四类资源区域，并实施有区别的风电标杆上网电价。通知还规定，以后新建的陆上风电项目全部统一执行所在风能资源区域的风电标杆上网电价（对于海上风电上网电价另行规定），规定实行风电上网费用分摊制度，征收可再生能源电价附加，补足风电上网电价超出燃煤机组标杆上网电价的费用。

2010 年 7 月，国家发展与改革委员会印发了《关于完善农林生物质发电价格政策的通知》，规定未招标项目实施每千瓦时 0.75 元的统一上网电价。2011 年颁布了《关于完善太阳能光伏发电上网电价政策的通知》，规定未招标项目先后实施每千瓦时 1.15 元和 1 元的标杆上网电价。

现如今，中国风电和光伏发电标杆上网电价的实施分别如表 3.2 和表 3.3 所示。

表 3.2　2018 年全国陆上风力发电标杆上网电价（含税）

资源区	2018 年新建陆上风电标杆上网电价（元 / 千瓦时）	各资源区所包括的地区
I 类资源区	0.40	内蒙古自治区除赤峰市、通辽市、兴安盟、呼伦贝尔市以外的其他地区；新疆维吾尔自治区乌鲁木齐市、伊犁哈萨克自治州、克拉玛依市、石河子市
II 类资源区	0.45	河北省张家口市、承德市；内蒙古自治区赤峰市、通辽市、兴安盟、呼伦贝尔市；甘肃省嘉峪关市、酒泉市；云南省
III 类资源区	0.49	吉林省白城市、松原市；黑龙江省鸡西市、双鸭山市、七台河市、绥化市、伊春市，大兴安岭地区；甘肃省除嘉峪关市、酒泉市以外的其他地区；新疆维吾尔自治区除乌鲁木齐市、伊犁哈萨克自治州、克拉玛依市、石河子市以外的其他地区；宁夏回族自治区
IV 类资源区	0.57	除 I 类、II 类、III 类资源区以外的其他地区

资料来源：中国可再生能源产业发展报告 2017

FIT 作为一种可再生能源补贴政策为各国政府所采用，并在有些国家成为法律义务，截至 2012 年，全球有 65 个国家或地区对可再生能源发电实施了上网电价补贴政策。目前，欧盟、美国等发达国家和地区在促进可再生能源发展的过程中使用的价格补贴机制主要是上网电价政策，这一政策在北美被称为"先进新能源价格"或"新能源金"。2010 年，在欧盟 27 国中有 22 个国家将上网电价政策作为其促进新能源发展的主要机制（Klein et al., 2008）。同时，北美越来越多的地区开始考虑将上网电价机制作为支持可再生能源电力发展的主要政策。但在实行溢价上网电价机制的荷兰，由于向可再生电力消费者收取的分摊费用无法弥补可再生能源电力价格补贴的支持成本，补贴缺口越来越大，从 2007 年开始，可再生能源上网电价的溢价部分改由国家财政支付。

表 3.3 2017 年全国光伏发电标杆上网电价（含税）

资源区	2017 年新建光伏电站标杆上网电价（元 / 千瓦时）	各资源区所包括的地区
I 类资源区	0.65	宁夏，青海海西、甘肃嘉峪关、武威、张掖、酒泉、敦煌、金昌，新疆哈密、塔城、阿勒泰、克拉玛依，内蒙古除赤峰、通辽、兴安盟、呼伦贝尔以外的地区
II 类资源区	0.75	北京，天津，黑龙江，吉林，辽宁，四川，云南，内蒙古赤峰、通辽、兴安盟、呼伦贝尔，河北承德、张家口、唐山、秦皇岛，山西大同、朔州、忻州、阳泉，陕西榆林、延安，青海、甘肃、新疆除 I 类以外的其他地区
III 类资源区	0.85	除 I 类、II 类资源区以外的其他地区

资料来源：中国可再生能源产业发展报告 2017

5. 评价

固定电价政策是政府定价、市场定量的电价机制，它通过固定电价给可再生能源开发商确定价格激励，保证收益的长期稳定性，有利于吸引投资；针对不同发电技术和不同地区资源禀赋的差异规定不同的上网电价，体现了公平效率的原则，有利于可再生能源多样化发展；附加的电价通过分摊机制解决，有利于减轻电网公司负担，提供了政策实施的可行性。

然而，固定电价政策也存在很多不足。政府强制性定价，忽视市场机制不利于可再生能源电价的降低，不利于电源结构和项目的优化；由于不能够及时快速对成本降低作出反应，管理成本较高；对政府依赖的程度较大，加重财政负担。

3.2.2 可再生能源竞争性招标政策

1. 内涵

竞争性招标政策（竞价上网）（Tendering）是指政府按照招投标程序选择可再生能源发电项目的开发商，选出的开发商在政府部门协调下与电网公司签订电力购买协议（Power Purchase Agreement，PPA），明确规定电网公司以竞标价格收购全部可再生能源电量。

竞价上网政策通常根据上网电价的报价高低决定最后中标的开发商，在竞价上网的过程中，竞争主要集中在每千瓦时的可再生电力价格上，单个生产者彼此之间通过相互竞争来获得电力合同。中标的开发商负责可再生能源发电项目的投资、建设、运营和维护等后续工作。

如果是特许权招标，需要准备好购电协议、特许权合同并同时签署。发电项目周期、上网电量和电价在购电协议均有明确的规定。电网企业保证无条件收购生产出来的所有可再生能源电力，电价为竞标电价，协议中应规定电价调整的办法。特许权合同的主要条款应规定开发商应该承担的资源勘测的要求、管理机构设置和职责，对开发商在合同区块内的开发规模、开发计划、勘察和经营风险负完全责任、建设周期和正式投入运营时间等做出规定（任东明，2013）。

实际上，竞价上网政策也是一种对可再生发电企业的补贴。竞价的价格超出市场价格的部分就是对每个可再生能源电力生产者的补贴。竞价上网的可再生能源发电的差价通常采用财政手段、电力附加、建立基金等形式进行分摊。可以同英国一样，以特殊方式将分摊费用附加在电力账单里；也可以同法国一样，让所有可再生电力消费者分摊补贴的成本费用。与固定电价政策不同的地方在于招标竞价时，事先规定了可再生能源电力的数量。

2. 特点

竞争性招标政策通常具有以下几个特点：（1）政府部门制定监管机构，根据能源成本、资源禀赋和需求等情况确定各地区的可再生能源容量目标和技术范围，进而建立全国的可再生能源容量目标与技术范围。（2）招标前要对资源进行初步的勘察评估，该阶段可以邀请有意竞标的可再生能源开发商参与对资源的勘探测量。勘察结果写入招标文件，供潜在的投标者参阅，资源勘测结果的准确性不被确定和保证。（3）中标的可再生能源开发商要向监管机构支付预付抵押金，以确保自己能够及时完成合同规定的可再生能源项目。（4）由监管机构核定各地区电网企业所提交项目的电力附加成本，附加成本通过电力消费者分摊。

3. 经济学原理

竞价上网政策是属于按照边际成本定价的政策，公开竞价时规定了可再生能源电力的产量，根据可再生能源开发商所报的每千瓦时的价格来选择报价最低的企业生产，为满足规定的发电量要求，可再生能源电力价格会逐渐提高。也就是说，竞价主要聚焦在竞价过程中每千瓦时可再生电力的价格上，按照从低到高的发电成本排列价格，直到可再生电力产量满足竞价时规定的，每个中标的可再生能源生产企业都以竞得价格签订长期合同并提供符合标准的电力。

但是，不同可再生能源电力企业的生产技术水平等不同，因此生产的边际成本不同。竞价上网政策是从边际成本最低的企业开始选择，然后逐渐引入边际成本稍高的企业，直到满足规定的发电量要求。单个可再生发电企业在竞价过程中还是根据自身的边际成本来制定每千瓦时的电力价格。如图 3.7，这里的边际成本曲线 MC 表示可再生电力生产者的边际成本曲线，边际成本曲线按照由低到高的顺序画出就是可再生能源电力的供给曲线。这里假定由于竞价上网政策，所有生产者的边际生产成本趋同，图中的价格由边际成本曲线的位置决定，要实现 Q_{in} 的产量就要支付相当于边际成本 P_{out} 的价格，边际成本曲线 MC 以下的面积表示实现目标可再生发电量的总成本。

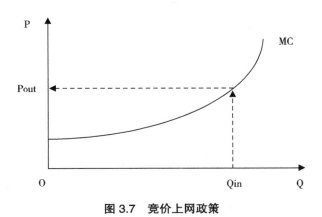

图 3.7　竞价上网政策

4. 实践

英国和法国的可再生能源发电竞价上网政策一直持续到 2000 年，最具代表性的竞争性招标系统是英国的《非化石燃料公约》（Non-Fossil Fuel Obligation，NFFO）。在爱尔兰、苏格兰和法国等国也有相似的法律。

中国曾实施的竞争性招标制度是风电特许权（Wind Concession）。原国家计委基础产业司在 2000 年确定了广东省惠来 10 万千瓦风电项目和江苏省如东 10 万千瓦风电项目，他们是第一批风电特许权招标试点项目。国家发展和改革委员会能源局在 2002 年正式启动风电招标程序，2004 年新增了吉林省通榆风电场 10 万千瓦风电项目、内蒙古自治区辉腾锡勒风电场 10 万千瓦风电项目和江苏省如东第二个风电场 10 万千瓦风电项目。这些风电项目为中国风电产业的迅速发展起到了推动作用。太阳能发电产业从 2009 年开始引入竞价上网的政策，比如甘肃敦煌的太阳能项目，在特许权招标中中标的最低电价为 0.69 元 / 每千瓦时，最高电价为 1.76 元 / 每千瓦时，平均电价 1.43 元 / 每千瓦时。

5. 评价

竞价上网政策通过竞价招标方式选定可再生能源开发企业，给予所有参与者同等机会，开发商在竞价过程中为了得到补贴而相互竞争，体现了公平竞争的原则。该政策在鼓励降低成本方面也十分有效，因为只有成本收益率排名靠前的企业才有机会获得可再生电力的提供权和相应补贴。

但是，竞价上网政策在具体实行方面也存在问题，潜在投资开发商面临以下几方面的不确定性：由于参与竞价的企业较多，竞价的成功率相对较低；最后的中标结果受到政府部门的影响，使之容易随着政治形势的变化而改变；竞价政策主要通过单一项目开发促进可再生能源的发展，因此对资源勘测评估和技术条件要求严格，由于资源勘测和经营都存在很大的不确定性，可再生电力项目开发商要承担一定的投资风险（任东明，2013）。

3.2.3 可再生能源配额政策

1. 内涵

可再生能源配额制政策是指通过立法手段，为市场竞争力薄弱的可再生能源强制设定一定的市场需求空间，以推动实现国家或地区的可再生能源发展目标的政策。

可再生能源配额制政策的概念有多种表现形式，在中国称为可再生能源强制性市场份额政策（Mandatory Market Share Policy，MMS），在美国称为可再生能源组合标准（Renewable Portfolio Standard，RPS）。除 MMS 和 RPS 政策外，还包括强制性配额要求（Mandatory RPS Requirements）、可再生能源标准（Renewable Energy Standards）、配额系统（Quota Systems）、可再生能源义务（Renewable Obligations）和强制性市场目标（Mandatory Market Target）等，这些概念尽管有微小的差别，但基本上可以通用，可以统称为配额制。

广义的可再生能源配额制包括可再生能源发电配额、生物液体燃料使用量配额、可再生能源热利用配额等多种形式。广义配额制的范围可以扩展到生物燃料领域，这时的配额制政策称为燃料强制配额政策（Fuel Mandates）或者可再生燃料标准（Renewable Fuel Standard，RFS）。燃料强制配额政策要求机动车使用的燃料中必须添加一个最低比例的生物液体燃料。例如，巴西要求车用汽油必须添加至少 22% 的乙醇。燃料强制配额政策为生物燃料的使用提供了一种简单的、直接的办法。狭义的可再生能源配额制指的是可再生能源发电配额。在多数情况下，通常所提到的可再生能源配额制往往仅限于狭义的配额制。

可再生能源发电配额是指在国家或地区电力发展中，强制要求可再生能源发电必须达到规定的数量或比例。配额制规定在指定日期之前，电力提供商必须生产、提供一定配额的可再生能源电量。为实现配额目标，电力企业可以自己生产可再生电力，也可以通过从其他电力生产者购电来完成配额任务。

在发电配额政策具体执行过程中，会由政府权威机构对可再生能源发电量进行认证，发放一种可以兑现为货币的交易凭证——可交易的绿色证书（Tradable Green Certificate，TGC）。绿色证书表示一定数量的可再生能源电力已被生产出来的凭证，能够像商品一样在市场上进行自由交易流通，交易过程实际上也就代表了一定数量的可再生能源电量的流转。绿色证书的发放数量应与可再生能源电力的实际生产量大体相当。可交易的绿色证书系统的建立为配额义务的执行提供了一种非常灵活的交易机制，当可再生电力配额义务的承担者在无法自己生产可再生能源电力时，或自己开发可再生能源电力不经济时，可以选择购买与配额义务量相当的绿色证书来完成配额义务。

可交易绿色证书制度以配额制政策的实施为基础，是科斯定理中关于"自愿的产权交易能够消除外部性"的体现。正是由于绿色证书的自愿交易特性，可再生能源正外部性被内部化从而资源被优化配置。需要说明的是，市场对可再生能源正外部性的补偿部分就是绿色证书的自身价格，并不包括可再生能源作为普通能源的价格。

2. 特点

一般来说，可再生能源发电配额制政策具有以下特点：（1）规定了可再生能源发电配额的数量（比例），此外，还规定了达到配额数量（比例）的期限和持续时间；（2）规定了配额中的可再生能源发电技术类别、对可再生能源发电成本、交易成本的限制；（3）规定要保障可再生能源发电绿色证书交易系统可以正常运行；（4）对完成配额义务的承担者给予奖励，对未完成配额义务的承担者实施处罚。

3. 经济学原理

可再生能源电力价格通常高于传统化石能源电力价格，如果没有实行绿色证书交易，可再生能源电力成本超出常规能源电力成本的部分，通过政府补贴等方式弥补。而在实行绿色证书交易的情形下，可再生能源电力价格包括了两部分：绿色证书价格和常规能源电力价格。绿色证书价格会随着市场供求变化自发调整而无需政府干预，可再生能源电力价格受绿色证书价格变动的影响。

如图 3.8，传统常规能源电力的价格用 P_F 表示，可再生能源电力的价格用 P_R 表示（绿色证书价格和常规能源电力价格 P_F 两部分相加）。在扶持没有可再生能源发电时，生产的可再生能源电力数量为 Q_F。如果配额制要求生产数量为 Q_R 的可再生能源电力，因为成本较高的原因，可再生能源的电力价格就要提高到 P_R。可再生能源电力的价格高出传统化石能源电力的价格部分，即为绿色证书的价格 P_{CERT}。

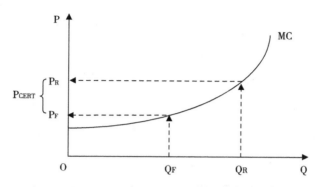

图 3.8　可再生能源电力价格高于常规能源电力价格

如图 3.9，这里假设整个可再生能源电力市场由企业 A 和 B 构成，企业 A 代表可再生能源电力生产中的劣势企业，而企业 B 代表可再生能源电力生产中的优势企业。MC_A 和 MC_B 分别代表企业 A 和 B 生产可再生能源电力的边际成本曲线。

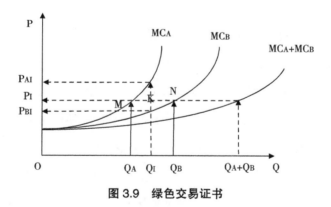

图 3.9　绿色交易证书

如果只执行配额政策但不实行绿色证书交易机制，在配额制的强制性要求下，企业 A 和 B 必须各自生产 Q_I 数量的可再生能源电力并且不允许进行配额交易，那么劣势企业 A 的边际成本较高为 P_{AI}，优势企业 B 边际成本较低为 P_{BI}。如果在绿色证书可以交易的情况下，A 可以生产 Q_A 数量的可再生能源电力，B 可以生产 Q_B 数量的可再生能源电力。为了达到各自 Q_I 数量的可再生能源电力目标，两个企业进行交易，即 B 企业把配额外的

可再生电力数量 Q_B-Q_I 卖给 A 企业，正好说 A 企业所需要购买的可再生电力数量 Q_I-Q_A，而 P_I 为可再生能源电力的交易价格。

企业 A 的实际支付的总价为 Q_AQ_IKM，这是对可再生能源电力的需求，也同时是对绿色证书的需求。企业 B 实际得到的总价为面积 Q_BQ_IKN，这是对可再生能源电力的供给，也同时是对绿色证书的供给。多于配额要求的可再生能源电力可以作为绿色证书的供给，不够配额要求的可再生能源电力可以作为对绿色证书的需求。

4. 实践

美国、英国、澳大利亚、日本、比利时、瑞典、意大利和波兰等国家都曾经或者正在实施着可再生能源配额制政策。有些国家如美国、澳大利亚、瑞典等，配额制政策已运行多年。最近几年，在印度和加拿大的一些省也陆续出台了类似政策。

目前，各国对通过实施电价政策推动可再生能源发展达成共识，但是各种电价政策应该如何实施以及分别在什么阶段实施的问题，还存在争议。理论上，固定电价政策更加适用于可再生能源产业发展的初级阶段，而招标电价和市场配额电价更加适用于有一定基础和积累的发展阶段。在未来，合理地划分产业阶段并分阶段实时调整电价政策是难点也是关键。

表 3.4 展示了世界各国各种电价政策的实施情况，其中 Y 表示该国在全国范围内实施了该种政策，N 表示该国还没有实施这种政策，/ 表示该国的部分地区实施了该种政策。可以看出，三种电价政策在俄罗斯均未实行，德国以固定电价即可再生能源上网电价补贴为主，法国以固定电价和招标电价为主，日本以固定电价和市场配额电价为主，中国和英国在全国范围内全部实施了三种电价政策，而美国只是在一些地区实施了三种电价政策。由此可见，固定电价在世界范围内最为流行。

表 3.4　世界各国电价政策实施情况

国家	固定电价 （上网电价补贴）	招标电价 （竞争性招标）	市场电价 （配额）
奥地利	Y	N	N
比利时	N	N	/
丹麦	Y	Y	N
芬兰	Y	N	N
法国	Y	Y	N
德国	Y	N	N
希腊	Y	N	N
匈牙利	Y	Y	N
爱尔兰	Y	Y	N
意大利	Y	N	Y
荷兰	N	N	N
波兰	N	Y	Y
葡萄牙	Y	Y	N
西班牙	Y	N	N
瑞典	N	N	Y
英国	Y	Y	Y
澳大利亚	/	N	Y
加拿大	/	Y	/
日本	Y	N	Y
俄罗斯	N	N	N
韩国	Y	N	N
瑞士	Y	N	N
以色列	Y	Y	N
美国	/	/	/
中国	Y	Y	Y
巴西	Y	N	N
埃及	N	Y	N
印度	/	N	/
菲律宾	Y	Y	Y

续表

国家	固定电价 （上网电价补贴）	招标电价 （竞争性招标）	市场电价 （配额）
南非	Y	Y	N
土耳其	Y	N	N

资料来源：史丹，新能源定价机制、补贴与成本研究，经济管理出版社，2015 年第一版，第 32～33 页。

3.2.4 环境类政策

化石燃料税收的目的是在消费者支付的价格中体现化石燃料的真实成本和稀缺性，以传递清晰的信号。根据环境破坏和其他一些已经证明的损害，对燃料征税是确保公平竞争的一种方式。北欧国家在这类环境税方面走在了最前列，是最早引入碳税的国家（即对二氧化碳排放征收的税），甚至早于欧盟 1992 年提出的在全体成员国内推行碳的建议（尽管个别国家实行了某些此类税收，但该建议从未被采纳）。荷兰 1990 年第一个引入二氧化碳税，随后的 1991 年挪威和瑞典引入，1992 年丹麦引入。除碳税外，还有其他能源税包括对燃料和电力征收的税，以及对二氧化硫排放征收的税。尽管如此，是否是污染者在承担这些税负仍值得怀疑。Eurostat（2003）的一份研究就发现，税负被转嫁给了居民消费者，而工业用户只负担了相对很低的份额。

3.3 可再生能源发展的国际经验及启示

3.3.1 欧洲

欧洲推进可再生能源发展的历程以欧盟为主导。1997 年，欧盟在颁布的《可再生能源发展白皮书》中明确了可再生能源发展的目标：2010 年可再生能源占欧盟能源结构的 12%，2050 年可再生能源占欧盟能源结构的 50%。

2003 年欧盟将发展可再生能源作为其推进气候变化进程的重要组成部分。此外，欧盟于 2006 年 3 月制定《欧洲安全、竞争、可持续发展能源战略》，欧盟各国同意建立欧洲一致的能源政策，发展可持续能源。2007 年，欧盟又进一步提出"一揽子能源计划"，提出到 2020 年可再生能源在能源结构中的占比提高到 20%。为实现这一目标，欧盟进一步提出了包括风能、太阳能、生物质能等在内的"新能源综合研究计划"。同样为了这一目标的实现，2008 年欧洲会议批准了欧盟能源气候一揽子计划。

2009 年 1 月，德国、西班牙和丹麦发起国际新能源组织（IRENA），为发展可再生能源代言，致力于推动全球能源向可再生能源转型。同年 10 月，欧盟委员会提出了"为低碳能源技术发展提供投资"的倡议。此外，欧盟于 2010 年 11 月 10 日制定了《能源 2020：有竞争力、可持续和确保安全的发展战略》，涉及发展可再生能源的基础设施、市场、技术创新等方面。

1. 行动倡议

欧洲市长盟约和欧洲能源城市奖是欧洲发展可再生能源的两个典型倡议：

（1）欧洲市长盟约。欧洲市长盟约（Covenant of Mayors，CoM）是由欧洲联盟委员会于 2008 年启动的一种可持续能源和温室气体减排行动，支持地方各级政府自愿参与可持续能源发展行动，目的是实现城市的温室气体减排。启动实施的背景是欧盟于 2007 年提出的 2020 年欧盟能源和气候变化发展目标——以 1990 年为基准，到 2020 年温室气体减排 20%，能源消耗水平下降 20%，可再生能源占能源消费总量的比重达到 20%。盟约签署城市或地区自愿致力于提高能源效率和可再生能源利用，通过开展一系列可持续能源行动，实现 2020 年温室气体减排 20% 以上的目标。

（2）欧洲能源城市奖。欧洲能源城市奖是指导、管理公共能源政策的认证工具，促进城市实施高效率的能源措施。1988 年，欧洲能源城市奖最早在瑞士设立，用以奖励市政能源改进；1991 年，沙夫豪森市成为第一个获得"能源城市"称号的城市；2001 年，基于瑞士经验的欧洲能源城市奖得到发展；2009 年，欧洲能源城市奖获得欧盟能源部的官方认可。欧洲能源城市奖涵盖了区域规划、能源供应以及信息交流等全方位的能源和气候保护措施。因此，在提高能源效率方面，欧洲能源城市奖是一个非常综合的质量管理系统。欧洲能源城市奖评委会对申请城市进行认定评选，只有达到总评分的 50% 以上才可被评为欧洲能源城市奖；如申请城市获得总评分的 75% 且已经开展了国际认证程序，则申请城市将会获得欧洲能源城市奖金奖。欧洲能源城市奖金奖是欧洲级别对市政能源和气候保护活动授予的最高荣誉。

2. 经验借鉴

根据《可再生能源法》，中国可再生能源发电的资金来自国家财政安排的专项资金、以及依法征收的可再生能源电价附加收入。但从 2009 年，中国可再生能源电价附加补贴一直入不敷出（据统计，全国可再生能源电价附加补贴缺口在 2009 年、2010 年、2011 年分别为 13 亿元、20 亿元、100 多亿元，到 2012 年缺口进一步扩大到 200 多亿元）。随着风电、太阳能发电快速发展，预计未来可再生能源电价补贴的缺口仍将不断持续拉大。要解决补贴资金来源问题，需要"开源"即扩大融资渠道，还需要"节流"即优化补贴方式。

欧洲国家补贴资金的融资渠道通常有：财政补贴、提高电价附加标准、征收生态税（如碳税、能源税等）、发行可再生能源债券等。其中，增加财政补贴会加重政府的财政负担，而且在中国当前的财政体系下也会比较困难；提高电价附加标准会提高终端销售价格、增加经济成本，同时在当前电力行业垄断的情况下对消费者不利；对化石能源征收能源税涉及方方面面因素，存在诸多争议，是一个需要研究和论证的长期过程；发行可再生能源债券类似征收能源税。因此，短期内扩大融资有效的方式是实行税收优惠政策。

可再生能源补贴的方式有研发补贴、直接补贴、税收减免，优化补贴方式包括选择最优的补贴方式和优化补贴政策等。中国补贴方式较为多样，但在补贴政策的设计方面却难以达到预想的效果。欧洲国家关注的价格补贴问题是装机补贴，这样容易导致政策实施过程中的骗补、补后不建等纰漏。因此，中国应当汲取欧洲国家的经验教训，对可再生能源的补贴主要集中在研发和消费侧。中国在补贴政策的设计过程中，"一要尽量规避世界贸易组织规则中的专向性补贴问题，二要保证补贴的公开透明，三要加强对补贴的监督管理，四要完善对补贴的评估机制，力争使补贴效果发挥到最大"（史丹，2015）。

此外，据统计欧洲目前 90% 的光伏电站都为分布式发电系统，但是在中国，可再生能源多采取集中式发电。由于政策的缺失以及不到位，中国可分布式发电仅限于一些示范性项目，真正被商业化的分布式可再生能源工程少之又少。未来，中国要参照、借鉴欧洲国家，通过采取多种方式和措施（为消费者购买安装可再生能源设备或系统、提供贷款优惠、税收减免以及现金返还、净电量计划等）鼓励分布式发电的发展。

3.3.2 美国

早在 20 世纪 70 年代，美国就推广开展了可再生能源研发项目；1978 年制定了公共事业监管法（PURPA）减免可再生能源项目税收；1992 年制定《能源政策法案》，对风力发电进行生产税减免；1999 年修订生产税抵减政策，促进风电产业快速发展；2002 年制定《农场安全与农村投资法》，为农业部门的可再生能源项目提供 1.15 亿美元的资助；2005 年制定《能源政策法案》，资助并网生产的所有成本；2008 年实施农业能源计划（REAP），为农业部门的可再生能源项目提供 10 亿美元的资助；2009 年出台《美国经济复苏与再投资法案》，提出可再生能源项目享受 30% 投资税和生产税抵减。在上述法律法规的扶持下，2008 年风电产业进入快速发展时期，2009 年风电装机容量跃居世界第一。2000 年后光伏装机量稳步增长，2009 年后光伏装机出现爆炸性增长。

现阶段，主要扶持政策有研发补贴、融资补贴、税收优惠、基金支持等。（1）研发补贴：美国政府在可再生能源项目初始研究阶段，一次给予100% 的补助资金；在基础研发和试验阶段，补助水平也会维持在 50% 到80% 的水平，有效保护研发活动持续。（2）融资补贴：联邦政府和地方政府对可再生能源项目提供能效抵押贷款担保、能源部贷款担保、农村能源贷款担保项目和清洁可再生能源证券等融资方式。（3）税收优惠：包括生产税抵减、投资税抵减、财产税优惠政策和消费税免税政策；（4）基金支持：包括农业部美国农村能源基金、美国能源部部落能源基金、财政部可再生能源基金和高能源成本项目。

除了立法保障和财税支持，美国还提出了一些促进可再生能源发展的行动倡议。美国太阳能城市是太阳能技术项目（Solar Energy Technologies Program）的一部分。美国支持太阳能城市的目的是加速太阳能光伏发电技术发展，通过对地方政府的财政和技术支持，加速太阳能技术在城市中的应用，推动光伏发电平价上网的尽早实现。支持的太阳能技术包括：光伏发电、聚光太阳能发电、太阳能热水、供暖和制冷。申请城市须提交"太阳能城市发展规划建议书"，建设书中应包括：建设可持续发展的太阳能设施、改进城市制度，促进主流太阳能技术的应用，包括户用系统和商用系统。城市承诺通过地方政府、电力公司和私营企业的通力合作，促进太阳能在城市中的应用。太阳能示范城市选择评价标准的重点是市级太阳能规划方案的示范性，包括市场拓展的方法、如何克服障碍等。美国能源部2007 年、2008 年授予 25 个城市太阳能城市称号。

经验借鉴

（1）加大研发投入力度。美国依托其先进的研发技术和产品质量，光伏产业位于产业链的高端，其多晶硅、晶片以及光伏产品生产设备都在国际市场中占有绝对竞争优势、享有稳定的国际市场。当前，中国可再生能源产业发展主要是沿用过去加工贸易的传统模式，两头在外，产业集中在加工制造环节，产品的创新能力和竞争能力远低于国外同行。借鉴美国，未来中国应加大对企业研发的投入，提高产品的附加值，努力提高产品技术含量，不断增强产品的国际竞争力，努力开辟新的国际市场，建立稳定可靠的出口市场。

（2）可再生能源消费侧补贴。美国的税收优惠等政策，对可再生能源的补贴都主要集中在消费侧。消费侧补贴不仅有利于刺激国内需求，国内市场的发展还可以为产业发展提供稳定的市场基础，减少外部市场波动对国内产业发展的不利影响。再者，消费侧补贴能够在一定程度上规避世界贸易组织的各种规则，减少国际贸易争端的发生。当前，中国忽视了对可再生能源消费市场的培育，对可再生能源的补贴主要集中在激励可再生能源产业发展，这样容易导致产业对国外市场的依赖性大（以光伏产品为例，中国光伏产品生产能力接近全球一半产能，但国内市场消费仅占其产量的 20%，这种严重的出口依赖发展模式使得中国光伏产业在欧洲市场需求萎缩，加上欧盟、美国纷纷发起"双反"调查，光伏产品大量积压，光伏企业破产和倒闭现象极为严重。）。借鉴美国的成功经验，未来中国必须将市场由国外逐步转移至国内，着重加强对可再生能源的消费补贴。

此外，美国国内政策的不稳定使风电产业呈现出波动发展现象。如果政策有效期低于两年，可再生能源项目开发商会因为缺乏明朗的市场前景而缩减投资，减缓国内可再生能源产业发展速度。中国应该吸取美国的经验教训，建立长期发展战略，保障政策的稳定性，为可再生能源的发展营造一个健康、稳定的政策环境。

3.3.3 德国

1. 法律法规

德国可再生能源的发展始于 20 世纪 70 年代。德国推动可再生能源发展大致经历了 1979—1990 年的技术推广阶段（制定上网电价）、1991—1999 年的市场创新阶段（制定强制购电）和 2000—2012 年的市场整合阶段（制定《可再生能源法》）。具体表现如下：1979 年制定可再生能源上网电价，鼓励电网公司购买可再生能源发电；1987—1990 年受 1986 年切尔诺贝利核电事故影响，出台多项方案；1991 年出台《强制购电法》（Electricity Feed Law，EFL），规定电力公司有义务以较高的价格收购其营业区域内的可再生能源电力，该政策极大促进了风电发展；2000 年制定《可再生能源法》（即 EEG-2000），以立法的形式确保新投产的新能源和可再生能源电站未来 20 年内享受固定电价；2002 年、2004 年、2009 年和 2012 年先后修订《可再生能源法》，根据发展的需要调整固定价格机制；2001 年 6 月制定《生物质发电条例（BiomasseV）》并于 2005 年 8 月修订；2005 年 7 月颁布《能源供应电网接入法（StromNZV）》规范供电市场参与者行为、颁布《能源行业法（EnWG）》为可再生能源接入电网做出相关补充规定，2008 年 10 月做出修订；2008 年 1 月制定《能源补贴分配总规则 no.1313/2007》，对可再生能源领域投资和科研项目予以资助，以促进技术提升；2008 年 4 月制定《促进可再生能源生产令（SDE）》，规范联邦政府对可再生能源生产的补贴行动，2009 年 3 月修订；2008 年 7 月制定《太阳能电池政府补贴规则 no.2009：689》，规定在太阳能光伏系统投资将部分获得政府补贴；2009 年 3 月出台《可再生能源分类规则 2009（RAC 2009）》，提供可再生能源产品分类信息，并规范依 SDE 法开展政府补贴时的金额计算方法。

2. 财税政策

为了加速可再生能源的开发利用，德国政府还实施了法律法规之外的多种政策，调动企业开发可再生能源的积极性。这些政策包括：研发补贴、固定电价制度、信贷优惠政策、直接补贴、税收优惠等（史丹，2015）。（1）研发补贴：开展"能源研究计划"促进可再生能源研发，资助研发机构和企业用于可再生能源项目开发。（2）固定电价制度：德国是最早实施固定电价的国家，规定电力公司必须允许可再生能源电力接入电网，并以固定价格购买其全部电量，以当地电力公司销售价格的 90% 作为上网价格，当地电网承担上网价格与常规发电技术的成本，该政策以法律的形式强制实施并不断调整修订。（3）信贷优惠政策：德国复兴信贷银行（KfW）为各类可再生能源发电项目投资者提供最高覆盖百分百投资成本的低息贷款，德国开发银行有分别针对私人投资者、中小企业、其他企业、商业投资者的"太阳能发电计划""企业资源计划系统环境和节能项目""环境规划"。（4）直接补贴：对风电的直接补贴主要是投资补贴，补贴设备制造商；对太阳能的直接补贴是政府为每位安装太阳能屋顶住户提供补贴，有"千户屋顶计划"和"10 万太阳能屋顶计划"。（5）税收优惠：在太阳能发电方面，规定商用光伏系统增值税享受 17% 减免，光伏设备制造企业投资额的 12.5%~27.% 作为税收抵免。

3. 行动倡议

（1）"100% 可再生能源地区"。该项目由德国联邦环境、自然保护及核安全部（BMU）发起并资助，联邦环保局（UBA）负责提供专业咨询服务。德国实施该项目的目的，是选定那些愿意付出长期努力将其能源供应彻底转变为可再生能源的地区（100% 可再生能源地区），为这些地区提供帮助，并最终实现这一目标。目前，德国已有 110 余个县、乡镇及地区联盟确定了这样的发展目标。"100% 可再生能源地区"概念并不是技术实施规定，而是指"地区"层面能源政策制定任务的综合。因此，此概念包括三个组成部分：100% 可再生能源、地区和可持续性。"100%可再生能源"意味着将地区能源供应彻底转变为使用可再生能源的战略，这种百分比的写法在项目中得到了广泛的阐释：应根据可能性从地区潜力中为电力、热力和交通领域生产 100% 可再生能源。作为基础的"地区"概念，并没有明确规定范围，乡镇、城市以及县都可以作为对象。"可持续性"意味着建立可持续的能源供应系统，因此，100% 可再生能源概念与政治和财政领域的公众参与、地区经济循环发展以及地区价值创造的模式密切相关。"100% 可再生能源地区"是地区能源转型的先行示范，它们为试验创新型可再生能源技术提供空间，创造新型组织及合作方式。

（2）"可再生能源出口倡议"（Renewalbe Energy Export Initiative）。该倡议于 2003 年由德国经济技术部发起，与官方发展援助项目相结合，执行单位是德国的海外商会，或者通过公开招标选定。政府每年提供约 500万欧元的预算资金用以举办对口洽谈会、专业报告会、组织企业参加专业展会、赴国外商业考察等，帮助企业与国外企业建立联系。该倡议能够帮助德国中小企业进入国际市场，扩大可再生能源技术、产品出口，为全球气候保护做出贡献。

（3）国际气候行动（International Climate Initiative）。该行动于 2008 年初由德国环境部发起，目的在于推广可再生能源、降低碳排放。德国环境部出售二氧化碳排放许可权，所筹资金用于支持全球气候变化应对项目。2008 年，国际气候行动在全球范围发起近百个项目，涉及 49 个合作国家。合作项目绝大部分都是由德国公司执行，采用德国技术和产品，实际上促进了德国可再生能源产品的出口。

4. 成就

在各项针对可再生能源的政策法规相互配套作用下，效果显著。20 世纪 90 年代，德国风电发展快速。德国是欧洲最大的风电大国，是全球主要风电设备制造大国，风电设备制造业已经形成了完整的产业链，产量的 65%~80% 出口国外。德国光伏的快速发展始于 2004 年的《可再生能源法》（即 EEG-2004），在《可再生能源法》及各种配套政策的推动下，德国很快成为国际光伏市场的领跑者，全球 50% 的光伏生产技术源自于德国。

总之，德国可再生能源产品、设备高速增长，部分可再生能源产品已具备强势国际竞争力；可再生能源发展促进了温室气体减排；可再生能源产业形成新的经济增长领域，带动了内需和就业。

5. 经验借鉴

（1）稳定的政策支持。为了支持可再生能源发展，中国近年来也出台了一系列的政策措施。问题是这些措施往往存在严重的短视行为，设计缺乏连贯性。对经济增长的一味追求，导致政府缺乏对整个可再生能源行业的统一发展规划，引发行业产能过剩、竞争无序、企业对国外市场的依赖性大、贸易争端频繁发生等一系列问题和争端。德国与之相反，虽然其电价制定标准和下降速率先后经历过 3 次调整（分别为 2004 年、2009 年、2012 年），但每次政策的持续时间一般都保持在 4 年以上。持续、稳定的政策环境为投资者提供了预期收益，从而可以有效推动国内可再生能源产业的发展。因此，中国要借鉴德国的发展经验，重新调整思路，从国家层面上建立长远的发展战略，完善补贴机制，优化补贴方式，通过政策稳定性推动可再生能源持续、健康发展。

（2）明确的补贴实施细则。德国固定电价实施的前提是德国政府对可再生能源实施强制性上网的电价政策且补贴实施细则明确。目前，中国的固定电价制度仍然停留在以"价格制定"为主的发展阶段，未能及时出台相关配套的技术规范、标准体系等。具体体现在：无法有针对性地根据不同技术类型的可再生能源产业确定价格水平；缺乏明确的定价方法和支付期限；也缺少灵活的调价机制等。这些缺陷使得整个定价机制不能有效地降低发电成本，无法形成促进可再生能源产业技术进步的激励机制。此外，中国虽然也在《可再生能源法》中规定实行可再生能源发电全额保障性收购制度，但实际落实困难，风电、光伏发电并网难的问题严重。主要因为缺乏针对电网企业的有效行政调控手段，以及针对电网企业的保障性收购指标要求。要解决上述问题，中国应参照德国的经验，以立法的形式，完善补贴的配套政策，从根本上消除并网的体制性因素，明确固定电价的定价机制，制定详细的补贴实施细则，推进电力体制改革，为可再生能源项目开发商提供基本收益预期和明朗的市场前景，为电网企业提供并网的合理经济补偿和必要的市场保障，激励各方积极推进可再生能源发电的发展。

总之，德国的可再生能源能够平稳、快速发展，并不是因为具备先天自然禀赋，主要是德国政府在立法、财税扶持等方面发挥了重要作用，德国各机构在执行方面起到了配合作用。与德国相比，中国很多地区不仅占有自然地理禀赋，还占有生产要素价格优势，但是，法制法规和技术水平仍落后很多。借鉴德国可再生能源发展经验，中国未来应从以下方面做出努力：一要完善可再生能源法律法规建设；二要加大可再生能源研发投入力度；三要建立稳定的财税扶持机制；四要加强立法、科技、商务、环保、工业等多个权力机构的配合活动，全方位、多角度为促进可再生能源持续快速发展营造良好的政策环境和社会氛围①。

3.3.4 日本

日本主要在太阳能发电方面采取了很多措施,郭庆方和董昊鑫(2015)进行了总结。早在 1974 年,日本就实施了以大力推进太阳能开发利用为核心的"新能源技术开发计划",又被称为"阳光计划"。除了开发太阳能,该计划还包括风力发电和大型风电机研制、海洋能源开发、地热开发、煤炭液化和气化技术开发和海外清洁能源输送技术等。1980 年,日本出台了《可替换能源法》,设立"新能源综合开发机构"(NEDO),大规模推进石油替代能源的综合技术开发,主要包括核能、太阳能、水力、废弃物发电、海洋热能、生物发电、绿色能源汽车和燃料电池等。1992 年对《可替换能源法》进行了修订。

1993 年,日本政府将"新能源技术开发计划""节能技术开发计划""环境保护技术开发计划"合并成规模庞大的"新阳光计划"。1994年 12 月,日本内阁会议通过"新能源基本指南",第一次正式宣布发展新能源及再生能源,在国家层面上要求政府全力推进新能源,在地区层级上要求当地县市政府全力配合宣传,使私人企业和一般大众了解此项基本政策。1997 年 4 月 18 日,日本制定了《促进新能源利用特别措施法》,也被称作《新能源法》,目的在于促进公民努力利用可再生能源。1997 年 12月,日本内阁决议正式通过《环境保护与新商业活动发展计划》,作为政府到 2010 年实施新能源和再生能源行动方案。

2002 年 1 月,日本在《新能源法政令改正》中把生物质增加到新能源的范围中。2002 年 3 月发表的《地球温室效应对策推进大纲》中将生物能

---

① 引自中国驻德国大使馆经济商务参赞处,http://de.mofcom.gov.cn/article/ztdy/200912/2009120665 6298. shtml.

源作为一种导入目标的新能源。为解决新能源发电上网问题，2002年5月，日本出台了《电力设施利用新能源的特别措施法》（即强制上网配额法），该法规定从2003年4月开始，电力企业必须提高新能源发电（光伏发电、风能发电和生物质发电）使用比率。2002年12月7日，日本政府内阁会议通过的6个相关省府（农林水产省、内阁府、文部科学省、经济产业省、国土交通省、环境省）联合提出的"日本生物质能综合战略"，构筑了日本综合利用生物质作为能源或产品，实现可持续的资源循环利用型社会的蓝图。

2004年6月，日本颁布了新能源产业化远景规划，目标是在2030年以前把太阳能和风能发电等新能源产业打造为产值达3万亿日元的支柱产业之一，新能源占能源总量的比重将上升到20%。2006年5月，日本经济产业省编制了《新国家能源战略》，提出在发展节能技术、降低石油依存度、实施能源消费多样化等6个方面，发展太阳能、风能、燃料电池以及植物燃料等可再生能源是重要内容。2008年11月，日本发布《推广太阳能发电行动方案》，将太阳能发电作为日本新能源产业发展的重点，提出了一系列针对太阳能利用的优惠政策。2009年推出的经济刺激方案中细化了2006年提出的"新国家能源战略"。

日本能源贫瘠，但又是能源消费大国。在有限的资源条件下，积极发展以太阳能为主的可再生能源是其扩大能源供给的有效途径。中国应该借鉴日本发展太阳能的路径，结合自身条件，从战略、制度、法规、技术等方面配合展开，致力于可再生能源的开发利用。

3.3.5 意大利

热那亚市位于意大利北部，利古里亚海热那亚湾北岸，城市依山面海，是意大利最大的商港，面积243平方公里，人口66万人。热那亚属亚热带气候，冬季温和多雨，夏季炎热干旱。第二次世界大战后，热那亚和米兰、都灵组成的三角形工业地带，是意大利经济重心所在。热那亚是文艺复兴时期历史名城之一，有许多罗马式和哥特式教堂及建筑物，是著名的旅游胜地。

2008 年热那亚市签署市长盟约，是最早签署市长盟约的城市之一。2010 年 8 月，热那亚市可持续能源行动方案获得批准，发展目标是在 2005 年的基础上，2020 年温室气体减排 23.7%，领域集中在绿色交通和可再生能源，其中绿色交通对减排贡献率为 30%，可再生能源对减排贡献 70%；绿色城市交通减排 11.2 万吨二氧化碳，与 2005 年相比减排 23%；增加的可再生能源消费，包括电力和热力制冷，可减排 24.5 万吨二氧化碳；建筑、基础设施、工业等保持原有的排放水平，二氧化碳排放量不变。此外，热那亚市对城市的能源生产供应、能源负荷需求、新型能源技术的推广应用也做出了详尽规划和设计，确保实现温室气体减排 23.7% 目标。

目前，热那亚市在完成城市可持续能源行动方案的基础上，开始关注城市能源体系与建筑、交通、港口、环境、水等各方面问题的协调和发展，提出了建设智能能源城市的目标，并在热那亚大学 Savona 校区实施了智能城市示范，着力推动可持续能源发展体系与基础设施、管理系统的整合和全面发展，实现宜居、可持续发展的城市发展目标。热那亚开展的重点活动有：

（1）制定城市行动方案

为实现市长盟约和智能城市建设的承诺，热那亚市组织 60 多人的专家团队对六个领域开展深入的分项研究工作，这六个领域是：建筑和公共照明、绿色交通、当地可持续的电力生产、区域供热制冷以及热电联产、土地利用规划、宣传教育、市民以及利益相关方的参与。

专家团队首先针对六个领域中的不同条件和用能需求，列出了可能采用的可持续能源技术清单，包括热泵、光伏发电、太阳能热利用等常规能源技术的应用，也包括智能电网、智能技术、智能建筑、海上风电场、冷热电三联供等新型技术的应用；然后，综合考虑项目的经济性、先进性、减排效果等各方面的因素，研究设计不同领域应实施的活动和项目；最终，设立了80个可持续能源活动。

在设计的可持续能源活动中，不仅仅关注商业投资项目，商业投资项目只占40%，研发研究项目占40%，宣传、推广等公共服务活动也占了20%的比例。

（2）建立智能城市协会

为推动智能城市工作的开展，建立了热那亚市智能城市协会，100多个利益相关的机构加入了该协会，包括政府部门、企业、研究机构、协会学会、社会团体等。该协会由市长任主席，热那亚市智能城市办公室主任任秘书长；设立科学技术委员会负责技术支撑和参与技术问题的决策，重点关注能源、建筑、交通、港口等四个领域。

（3）开展智能城市试点

在欧盟、意大利相关机构的支持下，热那亚大学 Savona 校区正在开展智能城市试点工作，其目的是贯彻可持续能源发展的理念，增加可再生能源生产、提供节能水平，在校区建设创新的能源管理系统，降低用能成本，减少二氧化碳排放，为校区用户建立舒适的工作环境。

热那亚大学 Savona 校区有2000名学生，校区内有教学楼、宿舍楼、图书馆、体育馆、实验室、研究中心等配套设施。Sanova 校区智能城市建设主要包括智能微电网、智能建筑和节能改造三个方面的内容。

热那亚市是欧洲最早签署"市长盟约"的城市之一，也是意大利支持的三个智能示范城市之一，在可持续发展理念和行动方面都处于领先的地位，也得到了欧盟和意大利的技术资金方面的支持和资助。例如，Sanova

智能微电网建设得到了欧盟、意大利多个项目的资金支持。

为了推动可持续能源发展项目的开展，热那亚市政府也出台了税收减免政策，支持企业和相关机构开展活动。通过税收减免政策，项目每年可获得相当于初始投资 6% 左右的税收减免。该项政策有效提高了企业的积极性。

借鉴国外发达国家的先进经验，为推进能源生产和消费革命战略，促进生态文明建设，发挥可再生能源在调整能源结构和生态环境保护方面的作用，中国国家能源局组织各地区编制了"新能源示范城市"和"新能源应用示范产业园区"发展规划。根据"新能源示范城市"评价指标体系，创建了第一批新能源示范城市及产业园区。如图 3.10 所示。新能源示范城市是中国结合自身情况，致力于发展可再生能源的新模式。

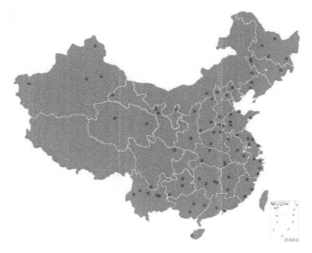

图 3.10　新能源示范城市

第 4 章　CGE 模型构建

4.1 CGE 模型简介

可计算一般均衡模型（Computable General Equilibrium Model，CGE）于
20 世纪 70 年代在国外流行。1960 年，Johansen 在《多部门经济增长研究》
一文中首次提出了 CGE 模型的概念（Johansen，1960）。

CGE 模型作为一种典型的数量经济分析方法，被广泛应用于经济增
长、结构调整、国际贸易、公共财政、收入分配、农业、气候变化、资源
环境等政策分析领域。它基于严格的微观经济理论，构建自由竞争的市场
环境，描述国民经济各部门和各核算账户之间的关系，模拟宏观经济系统
运行及价格调节机制，对政策和经济活动的影响做模拟和预测，考察各政
策工具的效应和影响（潘浩然，2016）。一般均衡理论的核心经济关系如
图 4.1 所示。

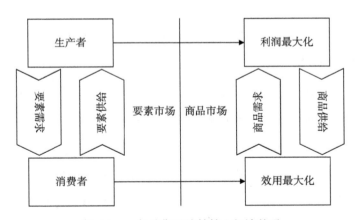

图 4.1　一般均衡理论的核心经济关系

标准的 CGE 模型具有以下几个主要特征：（1）基于投入产出表建立数
据；（2）通过相对价格调节商品市场和要素市场的平衡；（3）假定同质主

体、异质部门、自由竞争市场、规模收益不变、同类偏好，遵从瓦尔拉斯法则；（4）允许产品或要素在不同层次水平进行替代；（5）受相对价格变动的影响，生产技术可以灵活变动。

总体来说，CGE 模型根据不同的标准可分为以下几类：（1）根据研究目的，CGE 模型可分为规范模型（理论模型）和实证模型（实验模型）。（2）根据研究时间，CGE 模型可分为静态模型和动态模型。前者注重当前行为，适用于比较静态分析；而后者注重长远预期行为，适用于动态分析预测。动态模型又可以进一步分为递归动态模型和跨期动态模型。（3）根据基于的经济理论，CGE 模型可分为新古典主义模型和凯恩斯模型等。前者注重要素完全就业、价格的调节作用和储蓄驱动等经济特征，后者主张不完全就业、价格粘性或刚性和投资驱动等经济特征。（4）根据区域划分，CGE 模型可分为单区域模型和多区域模型。由于多区域模型需要考虑地区之间的相互联系，因而比单区域模型复杂。（5）根据用途，CGE 模型构建成为公共财政模型、收入分配模型、劳动力转移模型、结构调整模型、国际贸易模型、经济增长模型、区域经济发展模型、环境资源政策模型、可持续发展模型等。总之，根据研究需要进行不同的模型设计，CGE 模型有各种各样的变异。

在数学表达上，CGE 模型有两个不同的流派：美国流派和以澳大利亚莫纳什为代表的流派。美国流派用的是 GAMS 程序语言，而澳大利亚流派用的是 GEMPACK 程序语言。

CGE 模型设计的主要内容包括方程组体系、数据库与闭合条件。（1）方程组体系包括生产部门对中间投入和生产要素的需求方程（生产模块），家庭、投资、政府和国外对产品的需求方程（家庭消费需求模块、投资需求模块、政府消费需求模块、出口需求模块），基于零利润假设的价格方程（价格模块），产品和要素的市场出清方程。上述为 CGE 模型的核心模块，此外，还包括动态模块、能源环境模块。动态模块通过资本积累和劳动力市场的调整实现，能源环境模块用以反应能源使用的碳排放问题。（2）数据库主要包括投入产出表和各种替代弹性参数，国家每 5 年编制一次全国投入产出表（尾号为 2 或 7 的年份），每 5 年编制一次全国投入产出表延长表（尾号为 0 或 5 的年份）。投入产出表的编制需耗费大量时间，因此滞后期较长。现在最新的投入产出表为 2017 年中国投入产出表，最新的投入产出延长表为 2020 年中国投入产出延长表。（3）闭合即在求解时区分外生变量和内生变量，共涉及历史模拟、预测模拟和政策模拟三种闭合方式。

4.2 CGE 模型结构

4.2.1 生产模块

生产模块结构如图 4.2 所示。在最顶层，总产出主要由三种投入要素通过里昂惕夫生产函数复合而成 [公式（4.1）-（4.2）]。这三种投入分别为中间投入、能源复合品以及初始要素复合品。

$$X1TOT_i = \min\left(\frac{XCOM_i}{a_{ci}}, \frac{XENE_i}{a_{ei}}, \frac{XFAC_i}{a_{fi}}\right) \quad (4.1)$$

$$P1TOT_i * X1TOT_i = PCOM_i * XCOM_i + PENE_i * XENE_i + PFAC_i * XFAC_i$$

$$(4.2)$$

其中，$X1TOT_i$ 为行业总产出，$P1TOT_i$ 为相应的产出价格。$XCOM_i$，$XENE_i$ 和 $XFAC_i$ 分别为中间投入、能源复合品以及初始要素复合品，$PCOM_i$，$PENE_i$ 和 $PFAC_i$ 分别为中间投入、能源复合品以及初始要素复合品的价格。a_{ci}，a_{ei} 和 a_{fi} 为投入产出系数且满足 $a_{ci}+a_{ei}+a_{fi}=1$。

在第二层，每一种中间投入复合品由国内产品和进口产品通过 CES 函数复合而成 [公式（4.3）－（4.4）]；初始要素复合品由劳动和资本通过 CES 函数复合而成 [公式（4.5）－（4.6）]；能源复合品由化石能源复合品和电力复合品通过 CES 函数复合而成 [公式（4.7）－（4.8）]。

$$XCOM_i = A_{com,i} \left(\delta_{dom,i} XDOM_i^{\rho_{com,i}} + \delta_{imp,i} XIMP_i^{\rho_{com,i}} \right)^{\frac{1}{\rho_{com,i}}} \quad (4.3)$$

$$PCOM_i * XCOM_i = PDOM_i * XDOM_i + PIMP_i * XIMP_i \quad (4.4)$$

其中，$XDOM_i$ 和 $XIMP_i$ 分别为国内产品和进口产品；$PDOM_i$ 和 $PIMP_i$ 分别为国内产品和进口产品的价格；$\delta_{dom,i}$ 和 $\delta_{imp,i}$ 为份额参数并且满足 $\delta_{dom,i} + \delta_{imp,i} = 1$；$\rho_{com,i}$ 是与替代弹性有关的参数；$A_{com,i}$ 为技术参数。

$$XFAC_i = A_{fac,i} \left(\delta_{lab,i} XLAB_i^{\rho_{fac,i}} + \delta_{cap,i} XCAP_i^{\rho_{fac,i}} \right)^{\frac{1}{\rho_{fac,i}}} \quad (4.5)$$

$$PFAC_i * XFAC_i = PLAB_i * XLAB_i + PCAP_i * XCAP_i \quad (4.6)$$

其中，$XLAB_i$ 和 $XCAP_i$ 分别为劳动和资本；$PLAB_i$ 和 $PCAP_i$ 分别为劳动和资本的价格；$\delta_{lab,i}$ 和 $\delta_{cap,i}$ 为份额参数并且满足 $\delta_{lab,i} + \delta_{cap,i} = 1$；$\rho_{fac,i}$ 是与替代弹性有关的参数；$A_{fac,i}$ 为技术参数。

$$XENE_i = A_{ene,i} \left(\delta_{fos,i} XFOS_i^{\rho_{ene,i}} + \delta_{ele,i} XELE_i^{\rho_{ene,i}} \right)^{\frac{1}{\rho_{ene,i}}} \quad (4.7)$$

$$PENE_i * XENE_i = PFOS_i * XFOS_i + PELE_i * XELE_i \quad (4.8)$$

其中，$XFOS_i$ 和 $XELE_i$ 分别为化石能源复合品和电力复合品；$PFOS_i$ 和 $PELE_i$ 分别为化石能源复合品和电力复合品的价格；$\delta_{fos,i}$ 和 $\delta_{ele,i}$ 为份额参数并且满足 $\delta_{fos,i} + \delta_{ele,i} = 1$；$\rho_{ene,i}$ 是与替代弹性有关的参数；$A_{ene,i}$ 为技

术参数。

在第三层，煤、石油和天然气通过 CES 生产函数嵌套成化石能源 [公式（4.9）–（4.10）]；电力供应和电力生产通过里昂惕夫生产函数嵌套成电力 [公式（4.11）–（4.12）]。

$$XFOS_i = A_{fos,i}\left(\delta_{coal,i}XCOAL_i^{\rho_{fos,i}} + \delta_{oil,i}XOIL_i^{\rho_{fos,i}} + \delta_{gas,i}XGAS_i^{\rho_{fos,i}}\right)^{\frac{1}{\rho_{fos,i}}}$$

$$(4.9)$$

$$PFOS_i * XFOS_i = PCOAL_i * XCOAL_i + POIL_i * XOIL_i + PGAS_i * XGAS_i$$

$$(4.10)$$

其中，$XCOAL_i$、$XOIL_i$ 和 $XGAS_i$ 分别为投入的煤、石油和天然气；$PCOAL_i$、$POIL_i$ 和 $PGAS_i$ 分别为煤、石油和天然气的投入价格；$\delta_{coal,i}$、$\delta_{oil,i}$ 和 $\delta_{gas,i}$ 为份额参数并且满足 $\delta_{coal,i} + \delta_{oil,i} + \delta_{gas,i} = 1$；$\rho_{fos,i}$ 是与替代弹性有关的参数；$A_{fos,i}$ 为技术参数。

$$XELE_i = \min\left(\frac{XEP_i}{a_{ep,i}}, \frac{XTD_i}{a_{td,i}}\right) \quad (4.11)$$

$$PELE_i * XELE_i = PEP_i * XEP_i + PTD_i * XTD_i \quad (4.12)$$

其中，XEP_i 和 XTD_i 分别为电力生产和电力供应；PEP_i 和 PTD_i 分别为电力生产和电力供应的价格；$a_{ep,i}$ 和 $a_{td,i}$ 为投入产出系数且满足 $a_{ep,i} + a_{td,i} = 1$。

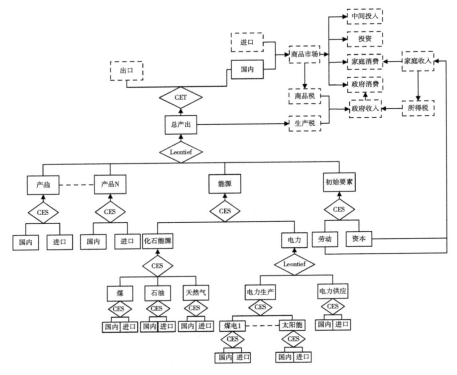

图 4.2　CGE 框架与生产结构

在第四层，电力生产由各种类型的电力，即由燃煤发电、燃气发电、燃油发电、水电、核电、风电和太阳能发电通过 CES 函数复合而成 [公式（4.13） – （4.14）]。

$$XEP_i = \left[\sum_k \delta_{k,i} \left(\frac{X_{k,i}}{A_{k,i}} \right)^{\rho_{k,i}} \right]^{1/\rho_{k,i}} \tag{4.13}$$

$$PEP_i * XEP_i = \sum_k P_{k,i} * X_{k,i} \tag{4.14}$$

其中，$X_{k,i}$ 为各种类型的电力，即 k 代表燃煤发电、燃气发电、燃油发电、水电、核电、风电和太阳能发电；$P_{k,i}$ 为燃煤发电、燃气发电、燃油发电、水电、核电、风电和太阳能发电的价格；$\delta_{k,i}$ 和 $A_{k,i}$ 分别为份额参数和技术参数并且满足 $\sum\limits_{k} \delta_{k,i} = 1$。

4.2.2 污染排放与环境税

生产投入的能源要素中除了电力，还包括煤、石油和天然气等化石能源。而对传统化石能源的使用产生二氧化碳等温室气体、二氧化硫和氮氧化物等污染气体，还有 PM2.5 等颗粒物。生产过程中由化石能源导致的行业污染物排放量等于行业的化石能源投入量乘以化石能源的污染排放因子，再乘以行业的清洁技术参数，公式（4.15）表达了这一关系；行业总的污染物排放量等于行业所有化石能源排放量的加总，由公式（4.16）给出。总的污染物排放量由生产和消费（家庭总排放和政府总排放）两个过程的排放构成，见公式（4.17）。

$$EMI_{fi} = X_{fi} * EMIF_f * CLE_i \qquad (4.15)$$

$$EMI_i = \sum_f EMI_{fi} \qquad (4.16)$$

$$EMIT = \sum_i EMI_i + HEMI + GEMI \qquad (4.17)$$

其中，EMI_{fi} 为行业 i 使用化石能源 f 导致的排放量；X_{fi} 行业 i 对化石能源 f 的使用量；$EMIF_f$ 为化石能源 f 的排放因子；CLE_i 为行业 i 的清洁技术参数；EMI_i 为行业 i 的总排放；$EMIT$ 为总排放；$HEMI$ 和 $GEMI$ 分别代表家庭总排放和政府总排放。

污染排放带来气候变化、空气污染等一系列环境问题，然而排放者在作出生产决策时并没有将其考虑在内，这就是典型的外部性问题。庇古（1920）建议通过设定一个等同于税收的边际成本来内化外部性。由于温室气体和污染气体的排放绝大部分来源于生产中的消费性中间投入，如果对生产者征收环境税（碳税和硫税等）则会提高能源效率。考虑到实践中的可行性，模型在生产环节引入环境税。

公式（4.18）表示，征收的行业环境税收等于行业排放量乘以税率；公式（4.19）表示总的环境税等于行业环境税的加总。

$$ETAX_{fi} = t * EMI_{fi} \qquad （4.18）$$

$$ETAX = \sum_i \sum_f ETAX_{fi} \qquad （4.19）$$

其中，$ETAX_{fi}$ 为行业 i 使用化石能源 f 导致的排放量的征税量；$ETAX$ 为总的环境税；t 为税率。

4.2.3 电价补贴

将上网电价补贴（Feed-in Tariff）引入 CGE 模型。需求侧补贴旨在降低消费者的购买价格，而供给侧补贴旨在增加生产者收入或者降低生产成本（Ouyang & Lin，2014）。需求侧补贴在发展中国家比较流行而供给侧补贴则更多流行于发达国家（Srinivasan，2009）。本书采用需求侧补贴，根据（Nie & Yang，2016），消费者对可再生电力的购买价格要低于其市场均衡价格，换句话说，生产者价格要高于市场均衡价格。

补贴可以反映在模型中的中间投入模块、产出模块、资本投入模块，本书将补贴引入中间投入模块。公式（4.20）表示相较于初始价格，补贴使可再生能源电力的购买价格更低，也就是说补贴使消费者价格低于生产者价格。在电价补贴情况下，可再生能源电力更具竞争力，由于不同电力间的替代弹性，各产业部门增加对可再生能源电力的使用，减少对火电的使用。

$$P_k = \frac{P_{0,k}}{1+s} \qquad （4.20）$$

其中，P_k 为消费者对可再生电力的购买价格；$P_{0,k}$ 为可再生电力的市场价格；k 代表需要补贴的各种可再生电力；s 为补贴率。

假设对可在生电力的补贴资金来自政府税收。在 CGE 模型中，对生产、投资和消费环节均设置了销售税，此外还有生产税等。补贴相当于一种负的税收，因此总的税收等于各种税收加总减去补贴金额，如公式（4.21）所示。

$$TTAX = PTAX + ITAX + HTAX + GTAX + PTX + ETAX - SUB$$

$$（4.21）$$

其中，$TTAX$ 为总的税收；$PTAX$、$ITAX$、$HTAX$ 和 $GTAX$ 分别代表生产、投资、家庭消费和政府消费环节的销售税；PTX 为生产税；SUB 为总的补贴金额，相当于对发电补贴部门征收的负税收。

4.2.4 投资需求

投资模块结构如图 4.3 所示。在最顶层，新资本由各种投资品通过里昂惕夫生产函数复合而成 [公式（4.22）-（4.23）]。

$$X2TOT_i = \min\left(\frac{X2_{1,i}}{a_{1,i}}, ..., \frac{X2_{c,i}}{a_{c,i}}\right) \qquad （4.22）$$

$$P2TOT_i * X2TOT_i = \sum_c P2_{c,i} * X2_{c,i} \qquad （4.23）$$

其中，$X2TOT_i$ 为行业投资总量；$P2TOT_i$ 为相应的投资价格。$X2_{c,i}$ 为投入的产品 c 的数量，$P2_{c,i}$ 为其相应的价格。$a_{c,i}$ 为投入产出系数且满足 $\sum_c a_{c,i} = 1$。

在第二层，每一种投入商品由国内产品和进口产品通过 CES 函数复合而成 [公式（4.24）-（4.25）]；

$$X2_{c,i} = A2_{c,i}\left(\delta2_{dom,i} X2DOM_{c,i}^{\rho2_{c,i}} + \delta2_{imp,i} X2IMP_{c,i}^{\rho2_{c,i}}\right)^{\frac{1}{\rho2_{c,i}}} \qquad （4.24）$$

$$P2_{c,i} * X2_{c,i} = P2DOM_{c,i} * X2DOM_{c,i} + P2IMP_{c,i} * X2IMP_{c,i} \quad （4.25）$$

其中，$X2DOM_{c,i}$ 和 $X2IMP_{c,i}$ 分别为国内产品和进口产品；$P2DOM_{c,i}$ 和 $P2IMP_{c,i}$ 分别为国内产品和进口产品的价格；$\delta2_{dom,i}$ 和 $\delta2_{imp,i}$ 为份额参数并且满足 $\delta2_{dom,i} + \delta2_{imp,i} = 1$；$\rho2_{c,i}$ 是与替代弹性有关的参数；$A2_{c,i}$ 为技术参数。

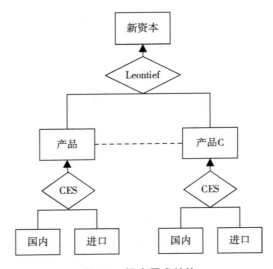

图 4.3　投资需求结构

4.2.5 消费需求

家庭通过提供劳动和资本要素获得收入，家庭消费的目标是实现效用最大化。消费需求模块由两层函数嵌套而成，如图 4.4 所示。在最顶层采用 Klein–Rubin 效用函数，函数形式如公式（4.26）所示。在预算约束下，Klein–Rubin 效用函数可以推导出线性支出需求函数。

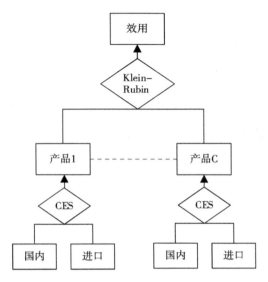

图 4.4　消费需求结构

$$U = \prod_c \left(X3_c - X3SUB_c\right)^{SLUX_c} \qquad （4.26）$$

其中，U 为效用；$X3_c$ 是家庭对产品 C 的消费量；$X3SUB_c$ 是家庭对产品 C 的最低需求量，如果消费低于 $X3SUB_c$ 则不会产生效用；$SLUX_c$ 家庭对产品 C 的边际消费倾向且满足 $\sum_c SLUX_c = 1$。

在第二层，每一种消费商品由国内产品和进口产品通过 CES 函数复合而成 [公式（4.27）－（4.28）]；

$$X3_c = A3_c \left(\delta3_{dom} X3DOM_c^{\rho3_c} + \delta3_{imp} X3IMP_c^{\rho3_c}\right)^{\frac{1}{\rho3_c}} \qquad （4.27）$$

$$P3_c * X3_c = P3DOM_c * X3DOM_c + P3IMP_c * X3IMP_c \qquad （4.28）$$

其中，$X3DOM_c$ 和 $X3IMP_c$ 分别为国内产品和进口产品；$P3DOM_c$ 和 $P3IMP_c$ 分别为国内产品和进口产品的价格；$\delta3_{dom}$ 和 $\delta3_{imp}$ 为份额参数并且满足 $\delta3_{dom} + \delta3_{imp} = 1$；$\rho3_c$ 是与替代弹性有关的参数；$A3_c$ 为技术参数。

4.2.6 出口需求

商品出口受出口价格、国外价格和国外收入的影响。一般来说，较高的出口价格不利于参与国际竞争，出口量较低，而较高的国外收入则会导致较高的出口量。因此，出口价格与出口量呈负相关关系，国外价格、国外收入、汇率与出口量呈正相关关系，函数形式如（4.29）所示。

$$X4_c = F4_c * (\frac{P4_c}{PHI * PWD_c})^{\sigma 4_c} \qquad （4.29）$$

其中，$X4_c$ 为出口数量，$F4_c$ 代表影响国外收入因素的变量，$P4_c$ 为本币表示的出口价格，PHI 为汇率（直接标价），PWD_c 为世界价格，$\sigma 4_c$ 为出口弹性，一般为负数。

4.2.7 动态模块

递归动态和跨期动态是 CGE 模型中常用的两种动态机制，本书采用递归动态。资本积累方程如公式（4.30）所示，t 期新增投资减去 t 期资本存量的折旧等于 t+1 期资本存量的变化。t 期资本存量的毛增长率等于该期新增投资占资本存量的比例，如公式（4.31）所示，假设资本增长服从 Logistic 函数。t 期资本的实际毛回报率等于资本的租赁价格比上资本成本，如式（4.32）公所示。企业根据资本的预期回报率与正常回报率的比率进行投资调整，资本的预期回报率则根据 t-1 期的预期回报率与实际毛回报率进行调整，如公式（4.33）所示。

$$\Delta K_{i,t+1} = I_{i,t} - \delta K_{i,t} \qquad （4.30）$$

$$G_{i,t} = I_{i,t} / K_{i,t} \qquad （4.31）$$

$$R_{i,t} = PK_{i,t} / PI_{i,t} \qquad （4.32）$$

$$E_{i,t} = (1-\alpha)E_{i,t-1} + \alpha R_{i,t} \qquad （4.33）$$

其中，$\Delta K_{i,t+1}$ 为 t+1 期资本存量的变化，$I_{i,t}$ 为 t 期新增投资，$K_{i,t}$ 为 t 期资本存量，δ 为折旧率。$G_{i,t}$ 和 $R_{i,t}$ 分别代表 t 期资本存量的毛增长率和 t 期资本的实际毛回报率。$PK_{i,t}$ 和 $PI_{i,t}$ 分别代表 t 期资本的租赁价格和 t 期资本成本。$E_{i,t}$ 表示资本的预期回报率，α 表示预期回报率根据实际毛回报率进行调整的速度。

此外在动态分析中，允许实际工资调整到就业水平：如果期末就业超过某种趋势水平 x%，那么实际工资在这个期间将增加 r*x%。由于就业与实际工资负相关，这种机制导致就业向趋势水平调整，如公式（4.34）所示。

$$\Delta W / W_0 = \gamma[(L_0 / T_0) - 1] + \gamma\Delta(L / T) \tag{4.34}$$

其中，W 为实际工资，L 为实际就业，T 为趋势就业，γ 为调整系数。

4.3 CGE 模型数据

CGE 模型使用的基础数据为投入产出表，一般包括实物型投入产出表和价值型投入产出表。实物型投入产出表使用物理计量单位，看起来直观容易理解，但在实际使用中存在很多问题。比如要将轻工业部门的不同部门商品产量加总为整个轻工业的总产量，不可能将一件衣服和一本书用某个物理单位相加。因此，实物型投入产出表因不利于各部门间的合并汇总而应用较窄。价值型投入产出表使用货币单位计量，可以实现部门间的相加汇总而被广泛应用。

投入产出表反应国民经济中各个部门间的投入产出依存关系，中国投入产出表的基本结构如表 4.1 所示。

表 4.1　中国投入产出表的基本结构

投入＼产出		中间使用				最终使用					进口	总产出
		部门 1	部门 2	...	部门 n	合计	消费	投资	出口	存货	合计	
中间投入	部门 1	第一象限 x_{ij}				x_i	第二象限						X_i
	部门 2												
	...												
	部门 n												
	合计	x_j											
增加值	劳动	第三象限					第四象限						
	生产税												
	折旧												
	营业盈余												
	合计												
总投入		X_j											

　　第一象限是中间投入使用，是投入产出表最重要的部分，反映各个部门间的生产技术联系。第二象限是第一象限的水平方向延伸，反映各个部门产品或服务的最终使用情况，即居民和政策的最终消费需求、投资需求、出口需求和存货。第三象限是第一象限的垂直方向延伸，反映各个部门消耗的初始要素投入情况。第四象限为空白，用于反映转移支付，在实际编制中一般不收集这部分数据。

　　在实际研究中，要根据研究需要对投入产出表的部门进行合并、拆分等处理。比如本书研究可再生能源发电支持政策，考虑到不同类型的可再生能源发电，需要拆分电力部门。投入产出表的部门处理对整个经济的影响较小，但是对环境的影响却较大（Fei, 1956；Wolsky, 1984；Weber, 2009；Su et al., 2010）。比如电力部门中的化石能源发电排放二氧化碳，但是可再生能源发电却不会，而不同类型的发电都归并在电力部门。

　　除了基础的投入产出表数据，CGE 模型还需要设置替代弹性等各种外生参数，参数具体的设定在实证部分展开说明。

第 5 章　可再生能源电价补贴与化石能源环境税的静态影响分析

5.1 引言

可再生能源补贴与化石能源环境税分别以直接和间接的方式影响可再生能源的扩张，并对环境和经济产生影响。量化研究之前，首先对可再生能源补贴与化石能源环境税的影响机制展开分析，如图 5.1 所示。

补贴对经济和环境的影响机理可概括如下：（1）对能源行业的影响。补贴降低了可再生能源对化石能源的相对价格，相对价格的变化导致前者对后者的替代，这种替代效应是经济活动参与者最优决策的行为结果。可再生能源的扩张将带动相关产业乃至总产出的增长，同时也意味着传统化石能源部门的压缩，两方面的综合作用决定了对经济增长的影响方向。（2）对非能源行业的影响。提高可再生能源比重通过影响能源产品尤其是电力，进而通过产业间投入产出系数作用于其他关联行业，进而影响总产出及经济增长率。具体来说包括直接影响和间接影响：直接的影响是通过改变能源价格，影响企业生产对能源的投入量；间接的影响是通过改变能源价格，导致能源与劳动、资本等生产要素复合品的价格发生变化，进一步影响企业的生产成本，企业将会在新的成本约束下调整生产规模，导致行业产出发生变化（也就是产出效应）。（3）对环境的影响。在能源部门，发展可再生能源意味着化石能源的紧缩，一次能源消费结构和电力消费结构更加清洁。由于污染气体和温室气体来自于对化石能源的消耗，故化石能源使用的减少带来减排效益，而对火电使用的减少进一步减少了对化石能源的使用。在非能源部门，取决于不同产业对各类能源的需求量和依赖程度，往往是正反两方面的综合作用决定了对这些部门减排的影响方向。

征收环境税将通过以下渠道作用于各经济主体：（1）环境税提高了化石能源对可再生能源的相对价格，同上述补贴的机制原理一样，相对价格的变化引发替代效应。（2）征收碳税将影响能源产品的生产成本、价格与产量，依旧同上述补贴的机制原理一样引发产出效应。（3）能源与其他产业的生产者价格波动经过经济系统的运行进一步往下传导，导致最终消费品价格发生变动，进而影响家庭的实际购买力，家庭会在效用最大化原则下重新确定消费与储蓄、工作与闲暇的最优配置，进而决定下一阶段的生产要素（劳动力和资本）供给。

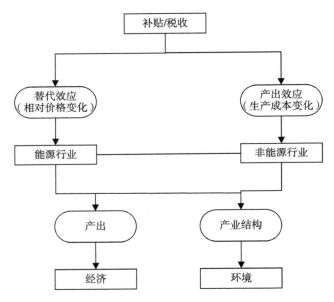

图 5.1　可再生能源补贴与化石能源环境税的影响机制

5.2 数据

本章使用的基础数据为中国 2012 年投入产出表。研究需要，将投入产出表中的 139 个部门进行了合并、拆分处理。处理后主要包括煤、石油、天然气、火电、水电、核电、风电 7 个能源部门，以及农业、采矿、食品烟草、纺织皮革、化学、非金属、金属、机械设备、建筑、批发零售、交通运输、仓储邮政、地产金融部门。然后，将多余的误差项并入存货部分，并按照总产出与总进口的比例拆分所有中间使用和最终用户（无转口贸易，除出口）的国内产品和进口产品。最后将增加值部分的固定资产折旧和营业盈余合并为资本要素。

基准年的温室气体和污染气体排放数据来自《2012 中国环境状况公报》《2012 年环境统计年报》。2012 年，全国二氧化碳（CO_2）排放量799901 万吨，二氧化硫（SO_2）排放量 2117.6 万吨，氮氧化物（NO_x）排放量 2337.8 万吨。化石燃料温室气体和污染气体排放系数的设定采用国家发改委能源研究所的推荐值。参数设定方面，不同发电技术间的替代弹性参照（Allan et al., 2014）；化石能源间的替代弹性、化石能源与电力间的替代弹性参照石敏俊（2012）；阿明顿弹性参照（Guo et al., 2014）。

5.3 模拟设置

模拟冲击的设置主要依据中国可再生能源电价附加征收标准（魏巍贤和赵玉荣，2017）。2012 年可再生能源电价附加征收标准为 0.8分·$(kW \cdot h)^{-1}$（始于 2006 年）。国家发改委于 2015 年 12 月 27 日下发《关于降低燃煤发电上网电价和一般工商业用电价格的通知》，将用电征收的可再生能源电价附加征收标准提高到 1.9 分·$(kW \cdot h)^{-1}$（除居民生活和农业生产以外），比 2014 年开始实施的 1.5 分·$(kW \cdot h)^{-1}$ 的标准增加 0.4 分。如果补贴全部以可再生能源附加的形式解决，以 2020 年风力发电 2.2 亿 kW、光伏发电 1.2 亿 kW，风电、光伏电、煤电价差不动测算，"十三五"期间可再生能源附加标准需要调整为 2.5 分·$(kW \cdot h)^{-1}$。若再增加可再生能源发电规模，实现《可再生能源发展"十三五"规划》中初步明确的可再生能源发展目标，即按照 2020 年风力发电 2.5 亿 kW，光伏发电 1.5 亿 kW 计算，可再生能源电价附加需要调至 3.5 分·$(kW \cdot h)^{-1}$。

假设燃煤上网电价保持 0.4 元·（kW·h）$^{-1}$ 不变，表 5.1 测算了可再生能源发电的补贴率。

表 5.1　可再生能源发电补贴率测算

	2012 年	2015 年	2016 年	"十三五"	2020 年
燃煤上网电（元/千瓦时）	0.4	0.4	0.4	0.4	0.4
电价附加（分/千瓦时）	0.8	1.5	1.9	2.5	3.5
补贴率（%）	2	3.75	4.75	6.25	8.75

由表 5.1 可知，2012 年补贴率约为 2%，若要实现"十三五"期间的可再生能源发电目标并不断调高电价附加标准，2020 年补贴率要达到 8.75% 左右。因此，本章将模拟可再生能源发电补贴率从 2% 到 8.75% 情形下的大气环境效益。

此外，征收硫税和碳税为代表的环境税也是改善大气环境的有效政策手段，本章进一步模拟了可再生能源发电补贴辅以硫税、可再生能源发电补贴同时辅以硫税和碳税这两种冲击的情况。

5.4 结果分析

5.4.1 总减排与 GDP

总之，补贴刺激可再生能源的扩张将带动相关产业乃至总产出的增长，而环境税抑制传统化石能源部门与高耗能产业部门的发展，两方面的综合作用决定了对经济增长的影响方向。目前，由于绝大部分产业对各类化石能源的需求量和依赖程度较大，环境税的作用力度超过了可再生能源补贴的力度，加和的结果就是对经济增长的影响为负。

表 5.2 给出了可再生能源电价补贴、补贴加硫税、补贴同时辅以硫税

和碳税三种冲击对总减排量和 GDP 的影响。可再生能源发电补贴有效地提高了大气环境福利效益，使 CO_2、SO_2 和 NO_x 分别减少了 10032.129 万吨、20.013 万吨和 18.171 万吨，$PM_{2.5}$ 浓度下降 0.628 $\mu g \cdot (m^3)^{-1}$，GDP 增加 0.062%。可再生能源发电补贴加硫税的情况下，CO_2、SO_2 和 NO_x 的减排量更多，分别减少了 17164.736 万吨、34.116 万吨和 29.788 万吨，$PM_{2.5}$ 浓度的下降幅度更大（$-1.071 \mu g \cdot (m^3)^{-1}$），但是 GDP 增加 0.051%，小于仅有补贴的情形。补贴同时辅以硫税和碳税的情况下，虽然大气环境效益更加显著，CO_2、SO_2 和 NO_x 的减排量远远高于前两种情形，甚至 $PM_{2.5}$ 浓度下降了 12.434 $\mu g \cdot (m^3)^{-1}$，但是此时经济负增长，GDP 减少 0.266%。

上述结果说明征收硫税和碳税（尤其碳税）由于遏制了某些高耗能、高污染行业的发展，在一定程度上阻碍了经济增长，虽然其对大气环境的福利效益更大，却由于对经济的负面影响而不能成为改善大气环境的长久之计。对可再生能源电价进行补贴带来了新的经济增长点（例如引致新能源行业的投资需求），不仅可以促进新能源产业的发展、通过替代火电改进能源消费结构，而且在改善大气环境的同时促进了经济增长。如果可再生能源发电补贴辅以适度的硫税或碳税政策，不仅可以显著增进大气环境效益，还能抵消征税对经济增长的部分负面影响。

总之，补贴刺激可再生能源的扩张将带动相关产业乃至总产出的增长，而环境税抑制传统化石能源部门与高耗能产业部门的发展，两方面的综合作用决定了对经济增长的影响方向。目前，由于绝大部分产业对各类化石能源的需求量和依赖程度较大，环境税的作用力度超过了可再生能源补贴的力度，加和的结果就是对经济增长的影响为负。

表 5.2　可再生能源发电补贴对总排放量及 GDP 的影响

	补贴		补贴＋硫税		补贴＋硫税＋碳税	
	绝对量 （万吨）	百分比 （％）	绝对量 （万吨）	百分比 （％）	绝对量 （万吨）	百分比 （％）
CO_2	−10032.129	−0.061	−17164.736	−0.105	−204610.47	−1.251
SO_2	−20.013	−0.065	−34.116	−0.111	−395.973	−1.297
NO_x	−18.171	−0.071	−29.788	−0.116	−323.566	−1.266
	绝对量 （$\mu g \cdot (m^3)^{-1}$）	百分比 （％）	绝对量 （$\mu g \cdot (m^3)^{-1}$）	百分比 （％）	绝对量 （$\mu g \cdot (m^3)^{-1}$）	百分比 （％）
$PM_{2.5}$	−0.628	—	−1.071	—	−12.434	—
GDP	—	0.062	—	0.051	—	−0.266

注：—表示无相关数值。

5.4.2 行业减排

实施可再生能源电价补贴后，各个行业排放的 CO_2、SO_2 和 NO_x 均呈现下降趋势，这说明可再生能源电价补贴使清洁能源发电对火电产生替代效应，各个行业不同程度地增加对清洁能源电力的使用，减少对火电的使用，间接降低了对化石能源的消耗，从而温室气体和污染气体的排放有所下降。鉴于每个行业温室气体和两种污染气体的下降幅度基本一致，图5.2 仅给出 CO_2 分详细行业减排量。建筑业、仓储邮政、地产金融、批发零售和农林牧渔业的 CO_2 排放量下降幅度均超过 0.7%，分别下降 0.76%、0.75%、0.74%、0.72% 和 0.72%；其次，CO_2 减排力度较大的行业是石油、天然气和交通运输，CO_2 排放量分别下降 0.68%、0.68%、0.65%。火电的 CO_2 排放下降 0.53%，这主要与火电产出的下降减少了对煤炭的消耗有关。煤炭行业的 CO_2 减排力度最小，CO_2 排放量仅下降 0.2%。

火电行业和煤炭行业的结果反映出当前的大气污染治理存在专家所说的"火电行业超前、非电领域滞后"现象。过去一段时期内，雾霾治理的重点在火电领域，火电行业常规污染物排放指标已经达到世界先进水平，污染物排放量快速下降。每年的煤炭消费量占据除火电之外的另一半。据悉，2015 年全国煤炭消费总量为 39.6 亿吨，非电工业领域用煤量达 18.2 亿吨。非电工业领域和居民燃烧散煤所带来的污染物排放占比在大幅增加，非电行业大气污染治理步伐相对迟缓，成为大气污染治理的一大问题。

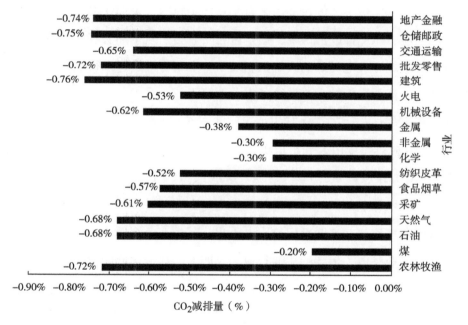

图 5.2 CO₂ 分详细行业减排量

此外，金属和非金属行业的排放下降幅度相对较小，分别下降 0.38% 和 0.3%。这两个行业的能源密集型较高，是排放大户。在 2012 年关于"工业行业废弃中污染物排放"统计的 41 个工业行业中，电力、热力的生产和供应，黑色金属冶炼及压延加工业，非金属矿物制品业的二氧化硫排放位居前三，这三者的排放总量达到 1237.4 万吨，在调查行业的二氧化硫排放总量中占比 69.7%。电力、热力的生产和供应，非金属矿物制品业，黑色金属冶炼及压延加工业的氮氧化物排放位居前三，这三者的排放总量达到 1390.1 万吨，在调查行业的氮氧化物排放总量中占比 87.9%。非金属矿物制品业，电力、热力的生产和供应，黑色金属冶炼及压延加工业的烟尘排放位居前三，这三者的排放总量达到 659.3 万吨，在调查行业的烟尘排放总量中占比 68.9%。上述数据也进一步说明电力部门担负着减排的重要任务。

大气污染最主要的污染源来自工业污染排放，工业中的 SO_2 排放占全国的 90%，NO_x 排放占 70%，烟尘占 85%。为了从更加宏观的行业视角分析可再生能源发电补贴的大气福利效益，本章将上述详细行业进一步进行分类，用算数平均的方法计算了农业、轻工业、重工业、服务业和能源行业的温室气体与污染气体减排情况，如图 5.3 所示，仅给出 CO_2 行业减排量。CO_2 减排力度由大到小依次为农业、服务业、轻工业、能源行业和重工业，CO_2 排放量分别下降 0.71%、0.65%、0.54%、0.52% 和 0.36%。说明在农业和服务业部门，可再生能源发电对火电的替代作用更明显。与农业和服务业相比较，工业部门是用电大户，其中有色金属、冶金、化工、建材四个行业是电力消耗的主要行业，仅四大高耗能产业的电力消费量就约占整个电力消费量的 40%。即使对可再生能源发电补贴后，较低的可再生能源电价使工业部门增加对其使用，但对电力巨大的需求，加之火电技术成熟、成本低等诸多优点，工业部门用电构成还是以火电为主。也就是说在工业部门尤其重工业部门，可再生能源发电对火电的替代更有限，这也从侧面反映了工业部门的减排压力更大。

最后需要说明的是，影响行业减排的因素有许多，比如供给侧改革控制行业产量，从而减少了该行业的能源投入；再比如行业清洁技术进步的提高使单位产量的排污减少等。但本书在考察行业减排时设置的冲击只有补贴率，已经排除了其他因素的干扰，因此这里的行业减排量是全部由电价补贴造成的，它是一个百分比变化的相对量。加入环境税后进一步强化了减排力度，对环境税行业减排的研究甚多，这里不再赘述。

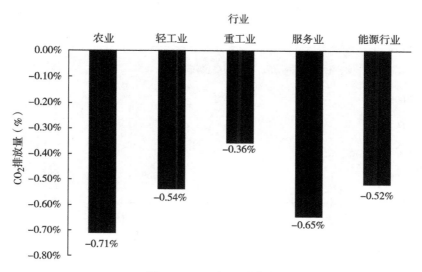

图 5.3 CO_2 行业减排量

5.4.3 行业产出

增加对可再生能源的补贴有助于以下三种方式优化中国的能源系统：一是使能源消费结构更清洁；二是提高能源效率；三是解决不平衡分配和能量消耗的问题。可再生能源补贴之所以对大气环境产生福利效益，归根到底与补贴改善了能源结构有关，图 5.4 给出了不同冲击下的能源结构变化。在只有补贴的情况下，煤炭和火电的产出分别减少 0.05% 和 0.04%，石油和天然气的产出均增加 0.01%，而补贴使可再生能源发电显著增加，达到 2.73%。补贴政策改善了以火电为主的电力消费结构，促进可再生能源产业发展壮大，同时抑制煤炭产业的发展，有利于发展低碳经济。

可再生能源发电补贴加硫税的情况下，煤炭和火电的产出分别减少 0.08% 和 0.06%，天然气的产出增加 0.02%，幅度均大于只有补贴的情况；

加入硫税后，可再生能源发电增加依然明显，但略小于只有补贴的情况。这种政策组合的效果更加理想，既能够增加可再生能源占一次能源消费的比重，又能够加快中国实现应对气候变化目标的进程。

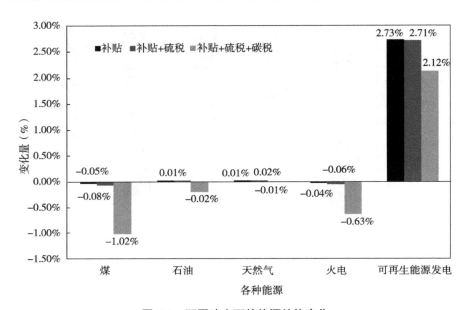

图 5.4　不同冲击下的能源结构变化

补贴同时辅以硫税和碳税的情况下，煤炭和火电的产出呈现较大幅度的减少，石油和天然气的产出也由增加转为减少，而可再生能源发电的增加显著小于只有补贴的情况。碳税能显著减少对化石能源的消耗，但对可再生能源发展的负面作用也明显，不是一种可持续的发展政策。

5.5 本章小结

为推动可再生能源产业发展壮大，国家不断提高可再生能源电价附加征收标准，使可再生能源电价补贴率持续提高。本章使用中国 2012 年投入产出表，基于静态可计算一般均衡模拟了补贴政策对大气环境的福利效益和经济影响，并与补贴辅以硫税、补贴同时辅以硫税和碳税这两种政策效应进行对比，得出如下结论：

（1）提高可再生能源电价补贴能够减少温室气体、污染气体的总排放量，降低颗粒物浓度，该政策在有效改善大气环境状况的同时拉动了经济增长；如果在提高补贴的基础上适度增加硫税或碳税政策，大气环境的福利效益更加显著且补贴抵消了征税对经济增长的部分负面影响。

（2）补贴使可再生能源发电对火电产生替代，各个行业排放的温室气体和污染气体出现不同程度的下降趋势，温室气体和污物气体的减排力度由大到小依次为农业、服务业、轻工业、能源行业和重工业。

（3）补贴促进可再生能源发电量不断提升，替代燃煤火电的贡献越来越大，优化了能源结构，是产生大气环境福利效益的根本原因；如果在提高补贴的基础上适度增加硫税政策，可以加快能源结构优化的进程，助力实现应对气候变化的目标。

通过静态模型的量化，直接清晰地捕捉了可再生能源补贴和环境税的作用。总之，补贴与征税都有利于减少排放，增进大气环境改善；补贴刺激可再生能源的扩张将带动相关产业乃至总产出的增长，而环境税抑制传统化石能源部门与高耗能产业部门的发展，对经济增长的影响方向取决于两方面的综合作用的合力。

第 6 章　可再生能源上网电价补贴的动态影响分析

6.1 引言

作为当前比较流行的扶持可再生能源产业发展的重要电价政策，可再生能源上网电价补贴是一个亟待深层次研究的重大问题。目前就中国的实际情况看，补贴政策对促进可再生能源产业发展的作用并没有完全发挥出来，还不能全面、深入掌握影响补贴政策发挥作用的多方面因素。虽然政府定价、市场定量的电价机制有利于吸引投资，但由于对政策依赖的程度较大而造成财政负担。因此，需要开展可再生能源电价补贴资金来源的研究，并通过模型量化的结果客观评估中国目前可再生能源上网电价补贴政策实施的影响，找准制约中国可再生能源上网电价补贴政策实施效果的影响因素，为解决中国可再生能源上网电价补贴政策中遇到的具体实践问题提供思路和对策。

那么，利用上网电价补贴促进可再生能源发展将会产生什么影响？Knopf et al.（2010）认为发展可再生能源的长期经济成本随消费比重上升而呈现降低的趋势；Blazejczak（2014）分析指出可再生能源设备升级能为企业创造更多利润空间而不损害经济增长和就业；Omri（2015）认为可再生能源与经济增长的因果关系仅存在于资本深化度高的国家和部分能源部门，因而不能一概而论；John et al.（2005）预测可再生能源扩张将通过改变资本密度而引发居民间的效用再分配。本章将在动态 CGE 模型的框架下，探析中国的上网电价补贴促进可再生能源发展带来的影响。

6.2 数据

本章使用的基础数据为中国 2012 年投入产出表。研究需要，本书将投入产出表中的 139 个部门进行了合并、拆分处理。最终的 11 个产业部门主要包括：农业、轻工业、重工业、服务业、化石能源部门（煤、石油、天然气）、电力部门（火电、水电、核电、风电）。这些部门使用能源、劳动和资本要素等生产单一的产品，用于家庭、政府消费以及投资、出口和存货。

其他各种弹性参数的设定均与第 5 章中的相同，这里不再赘述。

6.3 情景设定

6.3.1 基准情景

本书的基准情景（Business As Usual，BAU）是指不对可再生能源发电进行补贴时中国经济未来发展的自然状态，是后续进行政策模拟分析的基准和参照。该部分主要设置了 GDP 增长率、劳动增长率和清洁技术进步率。

关于 GDP 增长率，在"新常态"的背景下，中国经济转变了长期形成的"GDP 增长主义"价值导向，中国的经济发展调整表现为从增量扩张为主转变为盘活存量与做优增量并举。王少平和杨洋（2017）研究得出：基于长期趋势的结构性下移，GDP 的长期趋势分布在 5.5%~7.5% 之间，GDP 的增速将以 91.5% 的概率稳定在 6%~7.5% 之间；经济新常态下 GDP 增长率的取值范围为 4.9%~8.3%。因此，GDP 增长率的设定结合了中国目前的发展阶段特征、相关研究文献。

本章假设劳动增长率等于人口增长率，劳动增长率的赋值参考 EIU 数据库预测值。能源清洁技术进步率的设定参考魏巍贤等（2016）。基准情景的赋值如表 6.1 所示。

表 6.1　基准情景设定（%）

年份	GDP 增长率	人口增长率	清洁技术进步率
2018	6.5	0.47	7.0
2019	6.5	0.47	7.0
2020	6.5	0.47	7.0
2021	6.0	0.40	5.0
2022	6.0	0.40	5.0
2023	6.0	0.40	5.0
2024	6.0	0.40	5.0
2025	6.0	0.40	5.0
2026	5.0	0.20	5.0
2027	5.0	0.20	5.0
2028	5.0	0.20	5.0
2029	5.0	0.20	5.0
2030	5.0	0.20	5.0

6.3.2 模拟情景

对可再生能源补贴的模拟情景设置主要依据中国适时调整的可再生能源电价附加征收标准。"十二五"期间，国家发改委根据《可再生能源法》的要求，并结合行业发展需要，对可再生能源电价附加征收费用进行了调整：2012 年的可再生能源电价附加征收费用为 0.8 分·(kW·h)$^{-1}$，2014 年将征收标准调整为 1.5 分·(kW·h)$^{-1}$，2016 年将除居民生活和农业生产以外的可再生能源用电征收标准提高到 1.9 分·(kW·h)$^{-1}$。如果补贴全部以可再生能源电价附加的形式解决，"十三五"期间需不断提高征收标准。若再增加可再生能源发电规模，到 2020 年风力发电 2.5 亿千瓦，光伏发电 1.5 亿千瓦，可再生能源电价附加需要调至 3.5 分·$(kW \cdot h)^{-1}$。
2012 年到 2015 年的燃煤上网电价为 0.39 元·$(kW \cdot h)^{-1}$，2016 年电价调整后为 0.36 元·$(kW \cdot h)^{-1}$，假设此后燃煤上网电价不做调整。表 6.2 根据上述测算了可再生能源发电补贴率。

表 6.2　补贴率测算

	2012—2013 年	2014—2015 年	2016 年	2020 年
燃煤上网电价（元/千瓦时）	0.39	0.39	0.36	0.36
电价附加（元/千瓦时）	0.008	0.015	0.019	0.035
补贴率（%）	2.05	3.85	5.28	9.72

注：燃煤上网电价均根据中国 31 个省区的数据计算平均值，含脱硫、脱销和除尘电价；电价附加作者整理，补贴率 = 电价附加/燃煤上网电价。

由表 6.2 可知，2016 年的补贴率为 5.28%，若从 2017 年开始每年增加 1 个百分点，到 2020 年的补贴率为 9.28%。如果要实现"十三五"期间的可再生能源电力目标，补贴率在 2020 年的时候要达到 9.72%。因此，本章将模拟情景 1（S01）设置为到 2030 年补贴率每年增加 1 个百分点，将模拟情景 2（S02）设置为到 2030 年补贴率每年增加 2 个百分点，对比两种补贴状态下的政策实施效果。

需要注意的是，可再生电力能源的发展有其固有的阶段性和规律性，补贴力度要与可再生电力能源发展的不同阶段相适应，补贴率在产业规模化运行后应该有所调整（Wei et al., 2019）。因此，本章进一步设置模拟情景 3（S03）：2018—2025 年补贴率每年增加 1 个百分点，2026—2030 年补贴率每年增加 0.5 个百分点。也就是说模拟情景 3 中，补贴率是随时间调整并且逐渐降低。

综上述，本章一共设置三种电价补贴情景，三种模拟情景的设置汇总如表 6.3 所示。

表 6.3　模拟情景设定

代码	情景
S01	2018—2030 年补贴率每年增加 1 个百分点
S02	2018—2030 年补贴率每年增加 2 个百分点
S03	2018—2025 年补贴率每年增加 1 个百分点，2026—2030 年补贴率每年增加 0.5 个百分点

6.4 结果分析

6.4.1 减排

能源结构是影响 CO_2 排放的因素之一，能源结构的清洁和优化会带来大气污染物和碳排放的减少。由于补贴促进可再生能源扩张，到 2030 年三种情景下的 SO_2 排放相对于基准情景分别减少 8.03 万吨、38.57 万吨和 7.54 万吨，CO_2 排放相对于基准情景分别减少 5547.99 万吨、34362.60 万吨和 6787.99 万吨。持续高补贴的 S02 情景具有明显的减排效果。图 6.1 给出了三种情景下的 SO_2 与 CO_2 排放相对于基准情景（0 坐标轴）的百分比时间变化趋势。整体上看，三种情景下的 SO_2 与 CO_2 排放均成波动递减趋势，每种情景下的 SO_2 减排比 CO_2 减排相对于基准情景的变动幅度要大，说明随着时间的推移，补贴对减排的正向影响更大。

由于 S02 情景的补贴力度最大，SO_2 与 CO_2 排放的下降趋势也最明显，但是在 2022—2026 年 CO_2 排放相对于基准情景的排放增加了，之后又迅速减少。这一现象说明即使可再生能源电力存在补贴优势，对火电的使用、进而对化石能源的使用在 2022—2026 年间增加了，原因有待进一步分析。S01 情景的 CO_2 排放在 2025—2028 年间略有反弹，但幅度不大，相比于基准情景还是减少的。虽然 S03 情景从 2026 年开始设置补贴率每年增加 0.5

个百分点，该情景下补贴对 CO_2 减排的贡献也略大于 S01 情景的。到 2030 年，三种情景下的 SO_2 排放相对于基准情景分别减少 0.34%、1.27% 和 0.32%；三种情景下的 CO_2 排放相对于基准情景分别减少 0.09%、0.82% 和 0.13%。

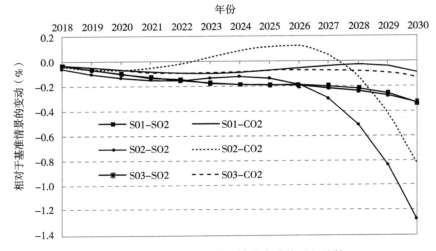

图 6.1　总排放相对于基准情景变动的时间趋势

根据减排的研究结果，补贴率越高，减排效果越好。因为高补贴率更有利于可再生能源的扩张。在能源部门，可再生能源的扩张意味着化石能源的紧缩，由于化石能源的消耗带来污染排放，因此化石能源紧缩使排放相对于基准情景减少。根据表 6.4，与基准情景相比，煤、石油、天然气和火电行业的 SO_2 排放和 CO_2 排放均出现不同程度的减少，随时间推移，减排效益递增，在补贴率更高的 S02 情景下的减排效果更显著。其中，火电的减排贡献最大，到 2030 年，S01 情景的 SO_2 排放和 CO_2 排放相对于基准情景均减少 3.73%，S02 情景的 SO_2 排放和 CO_2 排放相对于基准情景分别减少 8.39% 和 8.40%。

在非能源部门，虽然有些产业对化石能源的依赖性较大，但补贴导致可再生能源和化石能源的相对价格发生变化，影响产业对化石能源的投

表 6.4　S01 和 S02 情景的行业排放相对于基准情景的变化（%）

		2018	2019	2020	2021	2022	2023	2024	2025	2026	2027	2028	2029	2030
S01-SO₂	煤	-0.04	-0.06	-0.09	-0.12	-0.14	-0.16	-0.18	-0.20	-0.22	-0.24	-0.27	-0.29	-0.32
	石油	-0.04	-0.09	-0.13	-0.19	-0.24	-0.30	-0.37	-0.45	-0.53	-0.61	-0.69	-0.79	-0.89
	天然气	-0.04	-0.09	-0.13	-0.18	-0.24	-0.30	-0.36	-0.44	-0.51	-0.59	-0.68	-0.77	-0.87
	火电	-0.23	-0.48	-0.73	-0.99	-1.26	-1.53	-1.80	-2.08	-2.35	-2.65	-2.97	-3.32	-3.73
	农业	-0.04	-0.08	-0.13	-0.17	-0.21	-0.24	-0.28	-0.31	-0.34	-0.37	-0.42	-0.47	-0.56
	轻工业	-0.08	-0.16	-0.24	-0.32	-0.41	-0.50	-0.60	-0.70	-0.80	-0.91	-1.01	-1.10	-1.19
	重工业	0.13	0.27	0.43	0.60	0.79	1.01	1.25	1.51	1.79	2.08	2.36	2.64	2.88
	服务业	0.01	0.03	0.04	0.07	0.12	0.18	0.26	0.35	0.45	0.55	0.64	0.69	0.71
S01-CO₂	煤	-0.04	-0.07	-0.09	-0.12	-0.14	-0.16	-0.18	-0.20	-0.22	-0.24	-0.27	-0.29	-0.32
	石油	-0.06	-0.11	-0.18	-0.24	-0.31	-0.38	-0.46	-0.54	-0.63	-0.71	-0.81	-0.91	-1.03
	天然气	-0.06	-0.11	-0.17	-0.24	-0.30	-0.37	-0.45	-0.53	-0.61	-0.70	-0.80	-0.90	-1.02
	火电	-0.23	-0.48	-0.73	-1.00	-1.26	-1.53	-1.80	-2.08	-2.36	-2.65	-2.97	-3.33	-3.73
	农业	-0.04	-0.08	-0.13	-0.17	-0.21	-0.25	-0.28	-0.31	-0.34	-0.37	-0.42	-0.47	-0.56
	轻工业	-0.08	-0.16	-0.24	-0.32	-0.41	-0.50	-0.60	-0.70	-0.80	-0.91	-1.01	-1.10	-1.19
	重工业	0.12	0.25	0.39	0.55	0.74	0.94	1.17	1.43	1.70	1.98	2.26	2.52	2.75
	服务业	0.01	0.03	0.04	0.07	0.12	0.18	0.26	0.35	0.45	0.55	0.64	0.69	0.71

续表

		2018	2019	2020	2021	2022	2023	2024	2025	2026	2027	2028	2029	2030
SO2-SO2	煤	-0.07	-0.13	-0.18	-0.23	-0.27	-0.31	-0.36	-0.40	-0.45	-0.51	-0.57	-0.64	-0.72
	石油	-0.09	-0.19	-0.29	-0.40	-0.53	-0.66	-0.81	-0.96	-1.12	-1.29	-1.48	-1.69	-1.93
	天然气	-0.09	-0.18	-0.28	-0.39	-0.51	-0.64	-0.78	-0.93	-1.09	-1.26	-1.45	-1.66	-1.91
	火电	-0.46	-0.93	-1.40	-1.88	-2.37	-2.87	-3.40	-3.99	-4.62	-5.36	-6.22	-7.23	-8.39
	农业	-0.08	-0.16	-0.22	-0.28	-0.33	-0.38	-0.43	-0.49	-0.58	-0.71	-0.92	-1.20	-1.57
	轻工业	-0.17	-0.34	-0.52	-0.71	-0.91	-1.12	-1.32	-1.51	-1.69	-1.86	-2.03	-2.19	-2.35
	重工业	0.27	0.58	0.93	1.34	1.80	2.31	2.85	3.40	3.94	4.42	4.83	5.13	5.32
	服务业	0.04	0.10	0.19	0.33	0.50	0.70	0.90	1.08	1.22	1.27	1.20	0.97	0.60
SO2-CO2	煤	-0.07	-0.13	-0.18	-0.23	-0.27	-0.31	-0.36	-0.40	-0.45	-0.51	-0.57	-0.64	-0.72
	石油	-0.11	-0.23	-0.35	-0.48	-0.62	-0.77	-0.93	-1.10	-1.28	-1.49	-1.73	-2.00	-2.32
	天然气	-0.11	-0.23	-0.34	-0.47	-0.60	-0.75	-0.90	-1.07	-1.25	-1.46	-1.70	-1.97	-2.29
	火电	-0.46	-0.93	-1.41	-1.88	-2.37	-2.87	-3.40	-3.99	-4.63	-5.36	-6.23	-7.24	-8.40
	农业	-0.08	-0.16	-0.22	-0.28	-0.33	-0.38	-0.43	-0.49	-0.58	-0.71	-0.92	-1.20	-1.57
	轻工业	-0.17	-0.34	-0.52	-0.71	-0.91	-1.12	-1.32	-1.51	-1.69	-1.86	-2.03	-2.19	-2.35
	重工业	0.25	0.54	0.88	1.27	1.72	2.21	2.74	3.27	3.79	4.24	4.60	4.84	4.95
	服务业	0.04	0.10	0.19	0.33	0.50	0.70	0.90	1.08	1.22	1.27	1.20	0.97	0.60

入。根据表 6.4，农业和轻工业的 SO_2 排放和 CO_2 排放与基准情景相比是减少的，而重工业和服务业的 SO_2 排放和 CO_2 排放与基准情景相比是增加的。说明重工业是能源密集型产业，可再生能源对化石能源的替代作用有限。而理论上服务业的排放也应该相比于基准情景减少，这里却正好相反，可能是因为服务业中的交通运输部门的缘故。交通运输业是能源密集型部门，汽车等对化石能源得依赖性比较大，导致可再生能源替代作用不显著。

6.4.2 GDP 和就业

根据表 6.5，可再生能源发电补贴政策对中国实际 GDP 和就业产生积极影响。纵向比较发现，实际 GDP 在 S01、S02 和 S03 情景下的正向效应均逐年增加，相对于基准情景，增加量分别从 2018 年的 0.11%、0.23% 和 0.11% 到 2030 年的 2.53%，4.50% 和 1.95%。补贴政策对就业的影响情况亦是如此，区别在于与基准情景相比，就业在三种情景下相应的增加值都大于实际 GDP 的值。就业在 S01、S02 和 S03 情景下的正向效应表现为相对于基准情景，增加量分别从 2018 年的 0.14%、0.30% 和 0.14% 到 2030 年的 3.38%，6.49% 和 2.59%。对可再生能源电力的补贴促进了整个可再生能源产业及相关产业的发展，从而增加了这些部门的经济产出，新的经济增长点拉动了就业。

横向比较三种情景发现，与 S01 情景相比，S02 情景下补贴对实际 GDP 和就业的正向影响更大。以实际 GDP 为例进行说明：S01 情景下，到 2024 年实际 GDP 相对于基准情景增加 1%，而在 S02 情景下，到 2021 年实际 GDP 相对于基准情景的增加值就超过了 1%，达到 1.18%；随着时间的推移，两种情景下的值差别越来越大，到 2028 年差距达到最大为 2.16%（4.23%-2.07%），之后差距逐步缩小，到 2030 年减小为 1.97%

（4.50%–2.53%）。在 S03 情景下，实际 GDP 和就业相对于基准情景的增加值在 2018—2025 年与 S01 情景下的一致，由于从 2026 年开始设置补贴率每年增加 0.5 个百分点，补贴对实际 GDP 和就业的贡献较 S01 情景下的贡献减小。

表 6.5 2018—2030 年实际 GDP 和就业相对于基准情景的变动（%）

年份	实际 GDP			就业		
	S01	S02	S03	S01	S02	S03
2018	0.11	0.23	0.11	0.14	0.30	0.14
2019	0.22	0.50	0.22	0.30	0.65	0.30
2020	0.35	0.81	0.35	0.46	1.06	0.46
2021	0.49	1.18	0.49	0.66	1.53	0.66
2022	0.65	1.60	0.65	0.87	2.08	0.87
2023	0.84	2.06	0.84	1.12	2.70	1.12
2024	1.06	2.56	1.06	1.41	3.35	1.41
2025	1.30	3.05	1.30	1.72	4.02	1.72
2026	1.55	3.52	1.43	2.05	4.69	1.90
2027	1.82	3.92	1.57	2.40	5.29	2.08
2028	2.07	4.23	1.71	2.74	5.80	2.26
2029	2.32	4.42	1.83	3.07	6.20	2.43
2030	2.53	4.50	1.95	3.38	6.49	2.59

上述结果说明更高的补贴率有利于创造更高的实际 GDP 和就业，但并不意味着是绝对的。图 6.2 给出了不同情景下的实际 GDP 增长率，可以看出：分别在 2028 年和 2029 年，S02 情景下的 GDP 增长率开始低于 S01 情景和 S03 情景下的 GDP 增长率，甚至在 2030 年开始低于基准情景下的 GDP 增长率。这说明如果逐年增加一个较高的补贴率增长点可能增加财政税收负担，从而不利于经济发展。补贴力度要根据可再生电力能源发展的不同阶段适时调整，前期保证其发展的速度，后期考虑到其发展的效益以

及补贴的财政负担，如 S03 情景的设置。

也就是说，高补贴因为加快了可再生能源扩张而有利于创造更多产出，促进经济增长。但是持续的高补贴却会加重财政负担，随时间推移反而不利于经济增长。本章在后续有进行长期预测，这里不再赘述。

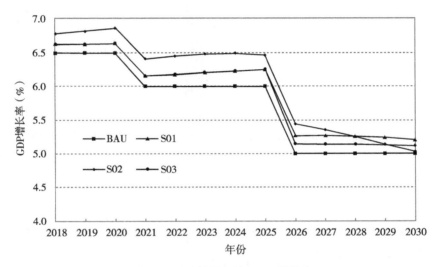

图 6.2　不同情景下的 GDP 增长率

6.4.3 行业产出与电力构成

图 6.3 给出了 S01 情景下 2030 年行业产出和资本回报率相对于基准情景（0 坐标轴）的变动。在补贴率每年增加 1 个百分点的政策下，到 2030年可再生能源电力的产出相比于基准情景增加 28.27%，资本回报率增加 44.87%，充分证明了可再生能源发电补贴政策有利于吸引投资的结论。

可再生能源产业的发展需要投入各种机械设备等进行基础设施建设，有利于带动相关产业尤其是重工业的发展。结果显示，重工业、服务业和农业的产出和资本回报率均增加。另一方面，与基准情景相比，火电、轻工业、煤、石油和天然气的产出分别下降 3.06%、0.16%、0.08%、0.03%

和 0.01%，而在这些产出下降的行业中，只有火电和煤的资本回报率是减少的，分别减少 4.65% 和 2.61%。

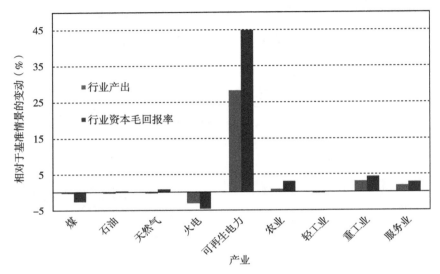

图 6.3　S01 情景下 2030 年行业产出和资本回报率相对于基准情景的变动

上述结果说明补贴政策有助于实现清洁能源电力对火电的替代，并进一步抑制了以煤炭为主的化石能源消费，优化了能源消费结构。其他情景下的结果类似，只是增加和减少的量的大小存在差异。

另外需要说明的是，本章在政策模拟过程中没有考虑到中国对天然气的扶持政策，天然气作为一种相对清洁的化石能源，在未来有很大的发展空间。在下一章的研究中会完善这方面的考虑。

对可再生能源电价进行补贴，除了通过使能源消费结构更清洁而优化中国的能源系统，也有利于实现《能源生产和消费革命战略（2016—2030）》中提出的，非化石能源发电量占全部发电量的比重到 2030 年力争达到 50% 的目标。图 6.4 给出了基础数据年份和 2030 年在 S02 情景下的电力构成图，结果显示：在补贴率每年增加 2 个百分点的政策下，火电从 2012 年的 78.5% 下降到 2030 年的 59.4%，而各种可再生能源发电占比增长接近两倍，达到 2030 年的 41%，与 50% 的目标相近。到 2030 年，除水电以外的可再生电力占比达到 7.4%，略低于 Qi et al.（2014）的研究结果（7.9%）。在增加的清洁能源占比中，水电的比例贡献最大，核电尤其是风电还需特别的刺激政策助力其发展。

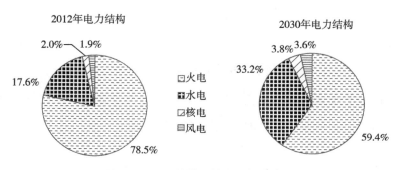

图 6.4　S02 情景下的电力构成变化

6.4.4 长期预测：补贴持续至 2050 年

在上述研究的基础上，本书设定 2031—2040 年的 GDP 增长率为 4.5%，2041—2050 年的 GDP 增长率为 4%，2031—2050 年的劳动增长率为 0.1%，继续模拟了 2017—2050 年补贴率每年增加 1 个百分点（M01）和 2017—2025 年补贴率每年增加 1 个百分点，2026—2035 年补贴率每年增加 0.5 个百分点，2036—2050 年补贴率每年增加 0.1 个百分点（M02）情景下的情况。即 M01 和 M02 分别代表持续补贴情景和分阶段补贴情景。

从减排的角度看，持续补贴的 M01 情景比阶段补贴的 M02 情景的减排效应更加显著，如图 6.5 所示的两种情景下 SO_2（左纵坐标轴）和 CO_2（右纵坐标轴）相对于基准情景减排的时间趋势。到 2050 年，SO_2 在 M01 情景和 M02 情景下分别减少了 294.35 万吨和 115.97 万吨，而 2030 年的相应数值分别为 8.03 万吨和 7.54 万吨；2050 年，CO_2 在 M01 情景和 M02 情景下分别减少了 1024.08 百万吨和 429.52 百万吨，在 2030 年的相应数值分别为

5.55百万吨和6.79百万吨。由此可见，无论是持续补贴还是分阶段补贴，累计补贴的减排效应随着时间推移越来越大。从减排的力度看，M01情景是更好的选择。

可再生能源发电补贴支持政策对环境产生永久的积极影响，因为在电力生产过程中，水电、风电、太阳能发电等不排放二氧化硫、氮氧化物和烟尘等污染物和气体，而生物质能发电即使排放，也远远少于燃煤发电的排放量。受替代作用的影响，还能显著减少传统化石能源的消费。但是从经济方面的长久影响来看，补贴政策要根据可再生能源产业的发展状况、产业生命周期和财税负担等因素进行适时调整甚至取消。

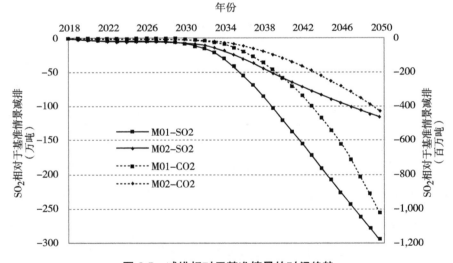

图6.5　减排相对于基准情景的时间趋势

图6.6给出了两种情景下的实际GDP和就业的时间变化趋势。总体上看，两种情景下的就业（实线）相对于基准情景增加的幅度均大于相应实际GDP（虚线）；随着时间的推移，实际GDP和就业的整体变化趋势一致。M01情景下，实际GDP相比于基准情景的增加幅度在2034年达到最大（2.94%），从2047年相比于基准情景开始下降，到2050年比基准情景

下降 1.05%，补贴最好在 2047 年停止；M02 情景下，实际 GDP 相比于基准情景的增加幅度也是在 2034 年达到最大（2.19%），从 2048 年开始相比于基准情景下降，到 2050 年比基准情景下降 0.26%，补贴最好在 2048 年停止。

从就业的角度看，两种情景下的补贴可持续至 2050 年甚至以后。M01 情景下，就业相比于基准情景的增加幅度在 2035 年达到最大（4.19%），到 2050 年比基准情景增加 2.64%；M02 情景下，就业相比于基准情景的增加幅度也是在 2035 年达到最大（3.04%），到 2050 年比基准情景增加 0.83%。

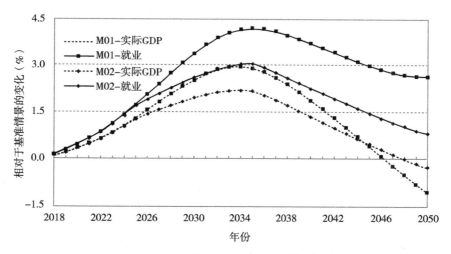

图 6.6　实际 GDP 和就业相对于基准情景的变化趋势

随时间推移，持续的补贴比分阶段补贴承担更多的税负，所以 M01 情景下的 GDP 优势逐渐不足，而 M02 情景下的 GDP 优势显现。但就业在 M01 情景下的优势一直保持，因此两种情景各有优劣，需根据政策目标而定。

此外，结果显示补贴政策下的可再生电力产业的资本回报率持续攀升，而火电产业的资本回报率持续下降。到 2050 年，M01 情景和 M02

情景下的可再生电力产业的资本回报率与基准比分别高达 142.05% 和 53.43%，火电产业的资本回报率与基准比分别下降 25.65% 和 11.13%。正是资本回报率的这一持续变化，可再生电力与火电的产出此长彼消，进而促使电力结构不断调整。

6.4.5 居民效用与政府补贴

如果 2018—2050 年补贴率每年增加 1 个百分点，表 6.6 给出了 M01 情景的居民效用和政府补贴金额。结果显示，2018—2043 年居民效用的增加额是正的，从 2044 年（效用变化值为 –0.05%）开始由正变为负且负值越来越大，到 2050 年这一数值变为 –2.66%。补贴政策下居民效用的平均下降值为 –0.66%，这可能是补贴成本随时间推移最终转嫁给消费者承担的缘故。

表 6.6　居民效用与政府补贴

年份	居民效用（%）	政府			
		电价附加（元/千瓦时）	发电量（十亿千瓦时）	补贴金额（十亿）	补贴额占 GDP 比重（%）
2018	0.14	0.026	1700	44.2	0.053
2019	0.28	0.030	1800	54.0	0.061
2020	0.43	0.033	1900	62.7	0.066
2025	1.60	0.051	2400	122.4	0.098
2030	3.06	0.069	2900	201.1	0.126
2035	3.30	0.087	3400	295.8	0.149
2040	1.67	0.105	3900	409.5	0.165
2045	–0.51	0.123	4400	541.2	0.177
2050	–2.66	0.141	4900	690.9	0.183

在燃煤上网电价不做调整的假设下，根据 2018—2050 年补贴率每年增加 1 个百分点的情景设定，进一步推算了 2018—2050 年的电价附加

值。到 2040 年的电价附加标准为 0.105 元·$(kW \cdot h)^{-1}$，开始超过 0.1 元·$(kW \cdot h)^{-1}$，2050 年的电价附加标准需增加到 0.141 元·$(kW \cdot h)^{-1}$。随着电价附加值和可再生能源发电量的持续增加，补贴金额也越来越大，从 2017 年的 368 亿元增加到 2050 年的 6909 亿元，逐年增加的幅度越来越大。补贴金额占 GDP 的比重从 2017 年的 0.047% 增加到 2030 年的 0.126%，到 2050 年这一比重增加到 0.183%。在补贴缺口原本就较大的情况下（截止到 2016 年上半年，可再生能源补贴缺口累计达到 550 亿元），补贴持续到 2050 年是不现实的，增加前文所述的政府财政负担是一方面，持续依靠补贴也不利于降低可再生能源的发电成本，还可能造成可再生电力供给过剩。

6.5 本章小结

本章针对专门可再生政策——可再生能源上网电价补贴，采用动态一般均衡模型研究了三种电价补贴情景对减排、实际 GDP、就业、产业、电力结构、居民效用等的影响，分析可再生能源发展的经济和环境效益。研究得出的主要结论概括如下：

（1）可再生能源电价补贴对减排的正向效应逐年增大，持续高补贴的 S02 情景具有明显的减排效果，但是在 2022—2026 年的 CO_2 排放相对于基准情景的排放增加了；S03 情景下补贴对 SO_2 与 CO_2 减排的贡献略大于 S01 情景。

（2）可再生能源发电补贴对中国实际 GDP 和就业产生正向效应且逐年增加，更高的补贴率在前期有利于创造更高的实际 GDP 和就业，但后期会增加财政税收负担从而不利于经济发展。

（3）补贴政策有利于可再生电力产业吸引投资并带动重工业、服务业和农业尤其是重工业的发展，在 S01 情景下，到 2030 年可再生能源电力产出相比于基准情景增加 28.27%，资本回报率增加 44.87%；此外，补贴政策有助于实现清洁能源电力对火电的替代，优化能源消费结构，在 S01 情景下，到 2030 年，火电、轻工业、煤、石油和天然气的产出依次下降，其中火电和煤的资本回报率分别减少 4.65% 和 2.61%。

（4）在补贴率更高的 S02 情景下，各种可再生能源发电加总占比从 2012 年的 22% 增长到 2030 年的 41%，基本接近到 2030 年非化石能源发电量占全部发电量的比重力争达到 50% 的目标。

（5）长期预测发现，持续补贴的 M01 情景比阶段补贴的 M02 情景对就业的积极影响更大，减排效应更加显著，但实际 GDP 在 M02 情景下的发展优势逐渐显现，因此要根据政策目标选择采用何种补贴情景。

第 7 章　环境税促进可再生能源发电的动态影响分析

7.1 引言

作为扶持可再生能源产业发展的另一重要政策手段，以碳税和硫税为代表的环境税政策一直备受争议。以碳税为例，中国的碳税从理论研究到政策的应用实施，一直处于不断完善之中。许多发达国家对碳税存在着质疑，而积极主张可再生能源开发利用。例如，美国大力支持风能和太阳能等可再生能源发展，对碳税持保留态度；法国将征收的碳税用于补贴可再生能源，并逐渐从以征收环境税为主的气候政策，重点向发展可再生能源转型；澳大利亚鉴于征收碳税对碳排放减少的作用不明显，已将其废除并转向 100% 可再生能源发电目标（张晓娣和刘学悦，2015）。那么，通过环境税政策促进可再生能源发电将产生什么影响？本章将对此展开分析。

7.2 数据

本章使用的基础数据为中国 2015 年投入产出延长表。研究需要，本书将投入产出表中的 42 个部门进行了合并、拆分处理，如表 7.1 所示。最终的 17 个产业部门主要包括：农业、轻工业、重工业、建筑业、交通运输业、服务业、化石能源部门（煤、石油、天然气）、电力部门（燃煤发电、燃气发电、燃油发电、水电、核电、风电、太阳能发电和电力供给部门）。下面介绍具体的拆分细节。

表 7.1　产业部门合并拆分

序号	合并前（42 个部门）	合并/拆分后（17 个部门）	序号
01	农林牧渔产品和服务	农业	01
02	煤炭采选产品	煤	02
03	石油和天然气开采产品	石油	03
		天然气	04
04	金属矿采选产品	轻工业	05
05	非金属矿和其他矿采选产品		
06	食品和烟草		
07	纺织品		
08	纺织服装鞋帽皮革羽绒及其制品		
09	木材加工品和家具		
10	造纸印刷和文教体育用品		
11	石油、炼焦产品和核燃料加工品	重工业	06
12	化学产品		
13	非金属矿物制品		
14	金属冶炼和压延加工品		
15	金属制品		
16	通用设备		
17	专用设备		
18	交通运输设备		
19	电气机械和器材		
20	通信设备、计算机和其他电子设备		
21	仪器仪表		
22	其他制造产品		
23	废品废料		
24	金属制品、机械和设备修理服务		
25	燃气生产和供应		
26	水的生产和供应		

序号	合并前（42 个部门）	合并 / 拆分后（17 个部门）		序号
27	电力、热力的生产和供应	电力生产	燃煤发电	07
			燃气发电	08
			燃油发电	09
			水电	10
			核电	11
			风电	12
			太阳能发电	13
		电力供应		14
28	建筑	建筑		15
29	交通运输、仓储和邮政	交通运输		16
30	批发和零售	服务业		17
31	住宿和餐饮			
32	信息传输、软件和信息技术服务			
33	金融			
34	房地产			
35	租赁和商务服务			
36	科学研究和技术服务			
37	水利、环境和公共设施管理			
38	居民服务、修理和其他服务			
39	教育			
40	卫生和社会工作			
41	文化、体育和娱乐			
42	公共管理、社会保障和社会组织			

石油、天然气的拆分参考马喜立（2017）。在生产成本结构与销售去向等方面，石油与天然气有着显著不同。生产天然气所要投入的劳动力远小于生产石油时所要投入的劳动力；然而，石油生产结构中的电力比例远小于天然气生产结构中的电力比例。石油的销售去向主要为制造业，而天然气的销售去向主要为电力。本书按照石油和天然气生产占比算出的相对比例拆分列，按照石油和天然气消费占比算出的相对比例拆分行。能源生

产和消费结构如表 7.2 所示。

表 7.2　2015 年能源生产与消费结构（%）

能源类型	生产占比	消费占比
煤	72.2	63.7
石油	8.5	18.3
天然气	4.8	5.9
一次电力及其他能源	14.5	12.1

资料来源：中国统计年鉴 2015

电力部门的拆分参考 Lindner et al.（2013）和 Vennemo et al.（2014）。在本章的研究中，投入产出表的电力部门被拆分为 7 个电力生产部门和 1 个电力供应部门（Transmission and Distribution，T&D）共 8 个部门，其中 7 个电力生产部门分别为：燃煤发电、燃气发电、燃油发电、水电、核电、风电、太阳能发电。具体拆分方法为首先将电力部门拆分为电力生产部门和电力供应部门，假设行和列的拆分比例相等，且这一比例根据对电力生产和电力供应的投资比例确定。中国电力企业联合会 2015 年电力统计基本数据一览表[①]给出了当年电源（电力生产）投资和电网（电力供应）投资的数据，如表 7.3 所示。根据表 7.3，电力生产占比 46%，电力供应占比 54%。其次，将电力生产部门拆分为燃煤发电、燃气发电、燃油发电、水电、核电、风电、太阳能发电。

表 7.3　2015 年中国电力投资

项目	总投资	电源投资	电网投资
绝对值（亿元）	8576	3936	4640
比例（%）	100	46	54

资料来源：中国电力企业联合会 2015 年电力统计基本数据

---

① www.cec.org.cn/guihuayutongji/tongjxinxi/niandushuju/2016-09-22/158761.html.

各种弹性参数的设定如下：各种清洁电力间的替代弹性为 5（Allan et al.，2014），清洁电力和火电间的替代弹性为 2（Guo et al.，2014），化石能源间的替代弹性为 1.2（Guo et al.，2014），化石能源和电力间的替代弹性为 1.2（Guo et al.，2014），劳动和资本间的替代弹性以及阿明顿弹性在不同产业存在差异（Dong et al.，2018），如表 7.4 所示。

表 7.4　替代弹性设置

行业/产品	劳动－资本	阿明顿弹性
煤	0.20	3.05
石油	0.20	5.20
天然气	0.20	5.20
燃煤发电	1.26	2.80
燃气发电	1.26	2.80
燃油发电	1.26	2.80
水电	1.26	2.80
核电	1.26	2.80
风电	1.26	2.80
太阳能发电	1.26	2.80
电力供给	1.26	2.80
农业	0.26	3.25
轻工业	1.12	2.00
重工业	1.26	2.95
建筑业	1.40	1.90
交通运输业	1.68	1.90
服务业	1.26	1.90

此外，关于基准年排放数据的设定如下：二氧化硫排放数据来自《2015 中国环境状况公报》，2015 年二氧化硫排放总量为 1859.1 万吨；二氧化碳排放数据参考 Dong et al.（2018），2015 年中国能源相关的二氧化碳排放为 77.16 亿吨。根据 Dong et al.（2018），并非所有的二氧化碳排放都

来自能源消费，非能源相关的二氧化碳排放不能被 CGE 模型捕捉到。

7.3 情景设定

7.3.1 基准情景

基准情景（Business As Usual，BAU）是指为未来的政策模拟提供参考的标准，这里指没有对可再生能源发电进行政策支持时中国经济未来发展的自然状态，主要设置 GDP 增长率和劳动增长率。

不同机构对中国 GDP 增长率的预测略有差异，这里主要设定高低 GDP 增长率捕捉中国未来经济发展的不同状态。高 GDP 增长率的设定参考 IEA（2015）；低 GDP 增长率（2018—2023 年）的设定参考 IMF[①] 的预测值，低 GDP 增长率（2024—2030 年）则根据 GDP 增长率在 2018—2023 年的趋势进行设定。劳动增长率的设定参考联合国经济和社会事务部人口司（Population Division of the Department of Economics and Social Affairs of the United Nations）[②]。基准情景的设定如表 7.5 所示。

表 7.5　基准情景（%）

年份	GDP 增长率 高 / 低	劳动增长率
2018	6.5/6.5	−0.22
2019	6.5/6.4	−0.22
2020	6.5/6.2	−0.22
2021	6.0/6.0	−0.33
2022	6.0/5.7	−0.33
2023	6.0/5.5	−0.33

---

① www.imf.org/external/datamapper/NGDP_RPCH@WEO/OEMDC/ADVEC/WEOWORLD/CHN.

② http://esa.un.org/unpd/wpp/DataQuery/.

年份	GDP 增长率 高 / 低	劳动增长率
2024	6.0/5.3	−0.33
2025	6.0/5.1	−0.33
2026–2030	5.5/4.5	−0.79

7.3.2 模拟情景

模拟主要设置了以下 4 种政策情景：S1 模拟了仅仅使用补贴政策实现到 2030 年可再生能源在一次能源消费中占比 20% 的政策目标，同时实现到 2030 年天然气在一次能源消费中占比 15% 的政策目标。短期内考虑到可再生能源发展的潜力有限，发展天然气是比较现实的选择（Liu et al.，2018）。情景中之所以设定天然气的发展目标，是因为中国正在加强天然气供需储备建设，研究需将其考虑在内。

S2 和 S3 模拟了在 S1 的基础上分别辅以硫税和碳税政策；S4 模拟了在 S1 的基础上同时辅以硫税和碳税政策。Liang et al.（2015）在研究中将碳税税率分别设置为每吨 100 元和 300 元，Liu & Lu（2015）设置为每吨 100 元，Liu et al.（2015）设置为每吨 10 元 ~66 元不等。本章碳税税率和硫税税率的设定分别参照 Dong et al.（2018）和 Wei et al.（2018），碳税税率为每吨 200 元，硫税税率为每吨 1000 元。模拟情景设定如表 7.6 所示 ①。

① 在结果分析部分，LS1、LS2、LS3 和 LS4 表示低 GDP 增长率下的情景；HS1、HS2、HS3 和 HS4 表示高 GDP 增长率下的情景。

表 7.6 模拟情景

代码	情景描述
S1	补贴政策实现到 2030 年可再生能源在一次能源消费中占比 20% 的政策目标，同时实现到 2030 年天然气在一次能源消费中占比 15% 的政策目标
S2	在 S1 的基础上加硫税政策
S3	在 S1 的基础上加碳税政策
S4	在 S1 的基础上同时加硫税和碳税政策

7.4 结果分析

7.4.1 对总减排的影响

通过环境税政策发展可再生能源的环境效益显著，表 7.7 给出了低 GDP 增长率下四种情景的 SO_2 与 CO_2 总排放相对于基准情景的百分比变化。到 2030 年，四种情景的 SO_2 排放量相对于基准情景分别减少了 0.77%、1.28%、3.49% 和 5.05%；CO_2 排放量相对于基准情景分别减少了 0.41%、0.71%、2.34% 和 3.67%。高 GDP 增长率下四种情景的值变化不大，不再赘述。对比四种情景，在对可再生能源发电补贴的同时，加入硫税和碳税的 S4 情景的减排效果最明显，其次是仅加入碳税的 S3 情景。

S1 情景下，随时间推移 SO_2 排放相对于基准情景减少的越来越多，CO_2 排放从 2023 开始发生转折，相对于基准情景的减少幅度呈逐渐下降波动的趋势。另外三种情景下，SO_2 排放和 CO_2 排放比基准情景减少的幅度也均呈现波动，先增加后减少。

表 7.7　低 GDP 增长率下总排放相对于基准情景的变化（%）

情景＼年份	2018	2019	2020	2021	2022	2023	2024	2025	2026	2027	2028	2029	2030
LS1-SO2	-0.18	-0.28	-0.33	-0.38	-0.44	-0.51	-0.59	-0.67	-0.67	-0.69	-0.71	-0.73	-0.77
LS1-CO2	-0.24	-0.39	-0.47	-0.51	-0.52	-0.51	-0.47	-0.41	-0.38	-0.37	-0.37	-0.38	-0.41
LS2-SO2	-0.76	-1.14	-1.27	-1.29	-1.31	-1.32	-1.35	-1.39	-1.34	-1.31	-1.29	-1.28	-1.28
LS2-CO2	-0.83	-1.26	-1.40	-1.40	-1.35	-1.27	-1.16	-1.01	-0.92	-0.85	-0.79	-0.74	-0.71
LS3-SO2	-2.54	-4.05	-4.77	-5.01	-5.04	-4.96	-4.84	-4.71	-4.48	-4.23	-3.97	-3.72	-3.49
LS3-CO2	-2.63	-4.21	-4.94	-5.14	-5.07	-4.83	-4.49	-4.07	-3.74	-3.39	-3.03	-2.68	-2.34
LS4-SO2	-3.19	-5.20	-6.30	-6.82	-7.04	-7.07	-6.99	-6.86	-6.59	-6.25	-5.86	-5.46	-5.05
LS4-CO2	-3.27	-5.35	-6.47	-6.94	-7.05	-6.90	-6.58	-6.12	-5.73	-5.26	-4.75	-4.21	-3.67

基于 2012 年投入产出表的模拟结果 ① 显示：S1 和 S2 情景下，SO_2 与 CO_2 排放在 2018—2025 年呈逐渐下降的趋势，从 2026 年开始，S1 和 S2 情景的减排幅度有所回升，但仍然低于基准情景的排放；S3 和 S4 情景下的排放逐年下降，碳税政策的实施使这一趋势持续到 2029 年。到 2030 年，四种情景的 SO_2 排放量相对于基准情景分别减少了 2.55%、2.86%、7.77% 和 8.07%。对比四种情景，在对可再生能源发电补贴的同时，加入硫税和碳税的 S4 情景的减排效果最明显，其次是仅加入碳税的 S3 情景。与基于 2015 年投入产出表的模拟结果相比，基于 2012 年的结果数值较大，不同基期数据对模拟结果的影响反映出 3 年间中国产业结构的变化调整。

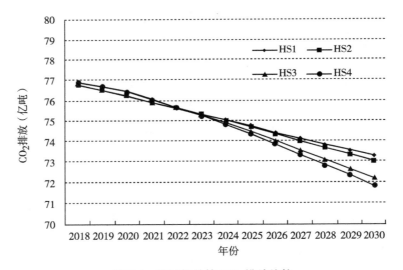

图 7.1　能源相关的 CO_2 排放趋势

此外，高 GDP 增长率下能源相关的 CO_2 排放趋势如图 7.1 所示。四种情景下的能源相关的 CO_2 排放逐年下降，情景 S4 的下降最显著。到 2030 年，四种情景的 CO_2 排放分别为 73.25 亿吨、73.02 亿吨、72.18 亿吨和 71.82 亿吨。进一步说明环境税政策促进可再生能源发电的环境效益

———————————

① 本章也基于 2012 年投入产出表进行了模拟，与基于 2015 年投入产出延长表的结果进行对比分析。

显著。

7.4.2 对行业减排的影响

可再生能源的发展和化石能源消耗的减少可顺利实现能源领域去碳化。表 7.8 给出了低 GDP 增长率下 S1 和 S4 情景相比于基准情景的 CO_2 行业减排。总体上看，由于发电由化石能源技术向可再生能源技术的转变，与基准情景相比，火电部门减排明显，其次是煤炭行业。到 2030 年，与基准情景相比，燃煤发电部门的排放在 S1 和 S4 情景下分别减少 13.03%和 17.08%；燃油发电部门的排放在 S1 和 S4 情景下分别减少 35.72% 和 42.83%。由于鼓励天然气的发展，随着时间推移，两种情景下燃气发电的产出也逐渐增加，因此天然气部门和燃气发电部门的排放相比于基准情景增加。到 2030 年，与基准情景相比，天然气部门的排放在 S1 和 S4 情景下分别增加 4.03%和 3.29%；燃气发电部门的排放在 S1 和 S4 情景下分别增加 71.14%和 80.46%。虽然天然气部门的排放有所增加，但与煤炭和石油相比，天然气是相对清洁的能源。

关于非能源行业的减排，与基准情景相比，S1 情景下农业、轻工业、重工业、建筑业、交通运输业和服务业的排放增加。因为可再生能源的发展促进了这些行业的经济产出，产出的增加刺激了这些行业的化石能源需求。与基准情景相比，施加了碳税和硫税的 S4 情景下农业、轻工业、重工业、建筑业、交通运输业和服务业的排放减少。建筑业部门的减排贡献最显著，其次是服务业、交通运输业、农业和轻工业。到 2030 年，建筑业、服务业、农业、交通运输业、轻工业和重工业的排放分别比基准情景减少 10.41%、4.78%、4.43%、3.16% 和 2.82%。重工业部门比较特殊，排放与基准情景相比先下降后增加，这也在一定程度上反映了环境税对化石能源依赖性较强的重工业部门的减排虽然有效，但并非长久之计。

表 7.9 给出了基于 2012 年投入产出表的行业减排模拟结果。关于三大产业的减排，S1 情景下补贴促进了三大产业的发展，其产出相比于基准情景都是增加的，因此三大产业的减排贡献不突出，甚至轻工业和服务业的排放相比于基准是增加的。S4 情景下由于在补贴的基础上实施了硫税和碳税，三大产业的排放相比于基准减少，到 2030 年，农业、轻工业、重工业和服务业的排放分别比基准情景减少 6.64%、2.81%、6.64% 和 5.25%。

使用可再生能源发电意味着减少化石燃料的燃烧，即节约标准煤使用量，从而减少 CO_2 及其他气体粉尘的排放量，以燃煤火电的排放为参考可量化可再生能源发电的减排效益。据统计，发 1 千瓦时的电需要消耗约 0.4 千克标准煤，排放 0.272 千克碳粉尘、0.997 千克 CO_2、0.03 千克 SO_2、0.015 千克 NO_x。因此，改用清洁能源发 1 千瓦时的电，相当于减少排放 0.272 千克碳粉尘、0.997 千克 CO_2、0.03 千克 SO_2、0.015 千克 NO_x。当然，不同火电机组容量的煤耗量差距很大，污染物排放量也就存在很大区别：大型高效发电机组供电煤耗达到 290 克 ~340 克 / 千瓦时，中小机组每千瓦时供电煤耗为 380 克 ~500 克；5 万千瓦机组每千瓦时供电煤耗 440 克，与大机组相比，发同样的电量多耗煤 30%~50%。如果能够实现"可再生能源发展十三五规划"中制定的可再生能源发电目标，也就是说到 2020 年可再生能源发电 1.9 亿千瓦时，相当于减少排放 516.8 百万吨碳粉尘、1894.3 百万吨 CO_2、57 百万吨 SO_2、28.5 百万吨 NO_x。上述量化的可再生能源减排效益如表 7.10 所示。

表 7.8　低 GDP 增长率下 S1 和 S4 情景的行业排放相对于基准情景的变化（%）

行业－情景	2018	2019	2020	2021	2022	2023	2024	2025	2026	2027	2028	2029	2030
煤－LS1	-0.20	-0.29	-0.31	-0.30	-0.28	-0.24	-0.19	-0.14	-0.09	-0.06	-0.03	-0.02	-0.02
石油－LS1	-0.09	-0.06	0.11	0.44	0.90	1.47	2.15	2.92	3.09	3.24	3.37	3.47	3.55
天然气－LS1	0.71	1.05	1.29	1.58	1.97	2.48	3.09	3.80	3.86	3.92	3.97	4.01	4.03
燃煤发电－LS1	-1.02	-1.99	-2.97	-4.03	-5.22	-6.53	-7.97	-9.53	-10.12	-10.76	-11.45	-12.21	-13.03
燃气发电－LS1	1.19	3.55	8.42	15.98	25.94	37.94	51.72	67.12	69.45	71.30	72.69	73.64	74.14
燃油发电－LS1	-1.86	-3.78	-5.78	-8.23	-11.45	-15.42	-19.95	-24.82	-27.08	-29.30	-31.47	-33.61	-35.72
农业－LS1	-0.02	0.12	0.40	0.76	1.17	1.58	1.97	2.32	2.29	2.22	2.12	1.99	1.83
轻工业－LS1	0.01	0.10	0.27	0.57	0.99	1.51	2.07	2.62	2.71	2.76	2.77	2.73	2.64
重工业－LS1	0.03	0.17	0.42	0.82	1.35	2.02	2.84	3.81	4.20	4.59	4.98	5.38	5.78
建筑业－LS1	-0.13	0.39	1.56	2.56	2.91	2.70	2.16	1.44	0.72	0.02	-0.63	-1.23	-1.78
交通运输－LS1	0.00	0.17	0.53	0.98	1.48	2.00	2.53	3.07	3.14	3.20	3.26	3.30	3.34
服务业－LS1	-0.03	0.15	0.54	0.98	1.38	1.73	2.03	2.29	2.23	2.16	2.08	1.99	1.89
煤－LS4	-3.98	-6.42	-7.70	-8.26	-8.43	-8.36	-8.16	-7.89	-7.55	-7.14	-6.68	-6.21	-5.74
石油－LS4	-2.73	-4.31	-4.96	-4.94	-4.46	-3.63	-2.52	-1.14	-0.47	0.29	1.09	1.93	2.77
天然气－LS4	-1.91	-3.19	-3.78	-3.79	-3.38	-2.62	-1.57	-0.25	0.33	0.99	1.72	2.49	3.29
燃煤发电－LS4	-3.71	-6.45	-8.33	-9.73	-10.97	-12.18	-13.43	-14.79	-15.18	-15.58	-16.01	-16.50	-17.08
燃气发电－LS4	1.46	3.59	8.15	15.68	26.00	38.68	53.38	69.84	72.98	75.64	77.80	79.41	80.46

续表

行业-情景	2018	2019	2020	2021	2022	2023	2024	2025	2026	2027	2028	2029	2030
燃油发电-LS4	-3.42	-7.22	-10.66	-14.04	-17.77	-21.98	-26.58	-31.44	-33.89	-36.23	-38.47	-40.66	-42.83
农业-LS4	-3.92	-6.12	-7.04	-7.19	-6.98	-6.56	-6.05	-5.53	-5.33	-5.08	-4.84	-4.61	-4.43
轻工业-LS4	-2.69	-4.05	-4.71	-4.94	-4.85	-4.54	-4.10	-3.58	-3.43	-3.26	-3.09	-2.94	-2.82
重工业-LS4	-2.60	-4.14	-4.85	-4.89	-4.45	-3.59	-2.37	-0.81	0.06	1.07	2.16	3.33	4.54
建筑业-LS4	-11.12	-18.81	-21.23	-20.56	-19.08	-17.58	-16.31	-15.30	-14.41	-13.37	-12.28	-11.26	-10.41
交通运输-LS4	-4.02	-6.37	-7.31	-7.38	-7.03	-6.46	-5.78	-5.04	-4.70	-4.31	-3.91	-3.52	-3.16
服务业-LS4	-4.73	-7.60	-8.72	-8.79	-8.43	-7.87	-7.26	-6.65	-6.31	-5.92	-5.50	-5.12	-4.78

表 7.9 基于 2012 年投入产出表的行业减排结果（%）

行业-情景	2018	2019	2020	2021	2022	2023	2024	2025	2026	2027	2028	2029	2030
煤-LS1	-0.07	-0.12	-0.17	-0.20	-0.24	-0.28	-0.32	-0.35	-0.36	-0.36	-0.36	-0.36	-0.36
石油-LS1	-0.28	-0.57	-0.87	-1.19	-1.52	-1.87	-2.26	-2.70	-2.86	-3.04	-3.25	-3.48	-3.73
天然气-LS1	-0.07	-0.20	-0.39	-0.62	-0.90	-1.21	-1.58	-1.99	-2.20	-2.42	-2.66	-2.93	-3.21
煤电1-LS1	-0.68	-1.40	-2.18	-3.04	-3.99	-4.99	-5.99	-6.88	-7.09	-7.22	-7.21	-6.99	-6.41
煤电2-LS1	-0.68	-1.40	-2.17	-3.02	-3.95	-4.93	-5.87	-6.68	-6.83	-6.87	-6.76	-6.39	-5.60

续表

行业－情景 ＼ 年份	2018	2019	2020	2021	2022	2023	2024	2025	2026	2027	2028	2029	2030
煤电 3－LS1	-0.68	-1.39	-2.16	-3.00	-3.92	-4.88	-5.80	-6.57	-6.70	-6.71	-6.56	-6.15	-5.29
气电－LS1	-0.28	-0.48	-0.62	-0.73	-0.81	-0.75	-0.42	0.38	0.58	0.99	1.69	2.83	4.68
农业－LS1	0.07	0.13	0.16	0.15	0.08	-0.05	-0.24	-0.52	-0.75	-0.99	-1.25	-1.53	-1.80
轻工业－LS1	0.13	0.24	0.34	0.44	0.54	0.61	0.65	0.62	0.49	0.35	0.19	0.00	-0.21
重工业－LS1	-0.19	-0.34	-0.46	-0.59	-0.71	-0.80	-0.84	-0.79	-0.64	-0.46	-0.23	0.04	0.39
服务业－LS1	0.07	0.17	0.28	0.35	0.38	0.40	0.44	0.54	0.57	0.64	0.75	0.92	1.18
煤－LS4	-0.34	-0.60	-0.80	-0.95	-1.08	-1.19	-1.29	-1.37	-1.41	-1.45	-1.47	-1.50	-1.51
石油－LS4	-0.69	-1.34	-1.96	-2.57	-3.17	-3.76	-4.37	-4.99	-5.36	-5.74	-6.12	-6.51	-6.92
天然气－LS4	-0.48	-0.98	-1.51	-2.04	-2.59	-3.15	-3.73	-4.33	-4.75	-5.16	-5.58	-6.00	-6.43
煤电 1－LS4	-1.24	-2.53	-3.85	-5.23	-6.65	-8.08	-9.48	-10.74	-11.33	-11.82	-12.14	-12.24	-11.95
煤电 2－LS4	-1.25	-2.55	-3.88	-5.26	-6.68	-8.10	-9.45	-10.64	-11.18	-11.60	-11.84	-11.80	-11.31
煤电 3－LS4	-1.26	-2.56	-3.89	-5.27	-6.68	-8.09	-9.42	-10.57	-11.10	-11.49	-11.69	-11.61	-11.06
气电－LS4	-0.59	-1.10	-1.49	-1.75	-1.86	-1.73	-1.24	-0.19	0.23	0.93	2.00	3.61	6.07
农业－LS4	-0.46	-0.89	-1.32	-1.77	-2.24	-2.74	-3.29	-3.90	-4.45	-5.01	-5.56	-6.10	-6.64
轻工业－LS4	0.02	0.04	0.04	0.02	-0.04	-0.15	-0.34	-0.61	-0.97	-1.37	-1.81	-2.29	-2.81
重工业－LS4	-1.04	-2.00	-2.89	-3.72	-4.47	-5.11	-5.63	-6.00	-6.31	-6.54	-6.68	-6.72	-6.64
服务业－LS4	-0.73	-1.42	-2.05	-2.64	-3.19	-3.68	-4.08	-4.38	-4.74	-5.02	-5.20	-5.29	-5.25

表 7.10 可再生能源减排效益

发电量	煤当量	碳粉尘	CO$_2$ 排放量	SO$_2$ 排放量	NO$_x$ 排放量
1 kwh	0.4 kg	0.272 kg	0.997 kg	0.03 kg	0.015 kg
1.9 万亿 kwh	760 百万吨	516.8 百万吨	1894.3 百万吨	57 百万吨	28.5 百万吨

7.4.3 对能源结构的影响

在政策作用下，可再生能源份额将大幅增长，如图 7.2 所示。LS1 模拟了仅仅使用补贴政策，实现到 2030 年可再生能源占能源消费总量比重达到 20% 左右，天然气占比达到 15% 左右的政策目标。在补贴的基础上加入硫税和碳税政策，较低的 GDP 增长率路径下，LS4 情景显示到 2030 年可再生能源占能源消费总量比重增加到 24.33%，天然气占比增加到 17.23%，煤炭占比下降到 40.21%；较高的 GDP 增长率路径下，HS4 情景显示到 2030 年可再生能源占能源消费总量比重增加到 25.16%，天然气占比增加到 17.23%，煤炭占比下降到 39.48%。

上述说明硫税和碳税政策通过抑制化石能源发展可间接促进可再生能源推广替代，较高的经济增长率更有利于可再生能源产业的发展和能源消费结构的清洁优化。Qi et al.（2014）的研究也得出高的经济增长引致高的能源需求，为可再生电力的使用创造更加可观的条件。

基于 2012 投入产出表的能源结构变化的结果显示，在补贴的基础上加入硫税和碳税政策，较低的 GDP 增长率路径下，LS4 情景显示到 2030 年可再生能源占能源消费总量比重增加到 21.51%，天然气占比增加到 15.28%；较高的 GDP 增长率路径下，HS4 情景显示到 2030 年可再生能源占能源消费总量比重增加到 22.14%，天然气占比增加到 15.26%。较低和较高的 GDP 增长率路径下，S4 情景到 2030 年煤炭消费占能源消费总量比重分别下降到 40.16% 和 39.59%。

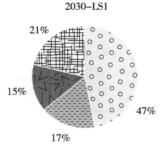

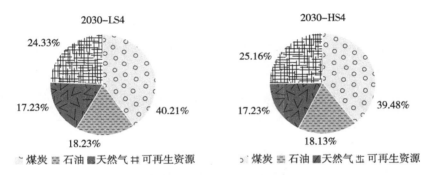

图 7.2　2030 年情景 S4 的能源结构

7.4.4 对电力结构的影响

发展可再生能源除了通过使能源消费结构更清洁而优化中国的能源系统，也有利于实现《能源生产和消费革命战略（2016—2030）》中提出的到 2030 年非化石能源发电量占全部发电量的比重力争达到 50% 的目标。

表 7.11 给出了两种 GDP 增长路径下 S1 情景在不同年份的可再生能源电力比重，模拟结果显示：低 GDP 增长路径下，可再生能源在电力生产中的比重从 2020 年的 31.85% 增加到 2025 年的 42.77%，进而在 2030 年增加到 48.88%；高 GDP 增长路径下的占比略高，比重从 2020 年的 31.87% 增加到 2025 年的 43.09%，进而在 2030 年增加到 50.02%。上述与 CREO2017 预测结果基本一致（2010 年和 2030 年可再生能源在电力生产中的比重达到 33% 和 51%）。

153

表 7.11　可再生电力占比（%）

情景　　　年份	2020	2025	2030
LS1	31.85	42.77	48.88
HS1	31.87	43.09	50.02
CREO2017	33	\	51

如表 7.12 所示，基于 2012 年投入产出表的模拟结果显示：低 GDP 增长路径下，可再生能源在电力生产中的比重从 2020 年的 30.98% 增加到 2025 年的 42.97%，进而在 2030 年增加到 52.96%；高 GDP 增长路径下的占比略高，比重从 2020 年的 31% 增加到 2025 年的 43.06%，进而在 2030 年增加到 53.95%。

表 7.12　基于 2012 年投入产出表的可再生电力占比（%）

情景　　　年份	2020	2025	2030
LS1	30.98	42.79	52.96
HS1	31.00	43.06	53.95
CREO2017	33	\	51

新增加的清洁电力主要是风电和太阳能电力，水电发展潜力有限，如图 7.3 所示。风电份额从 2015 年的 3.33% 增加到 2030 年的 11.94%；而太阳能发电份额从 2015 年的 0.71% 增加到 2030 年的 2.54%。因此，2030 年之前的能源转型初期，风能和太阳能发电快速增加。

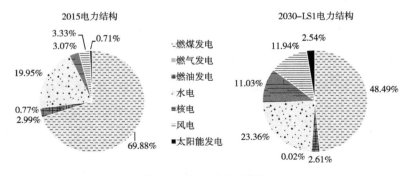

图 7.3　电力结构的变化

7.4.5 对经济的影响

根据表 7.13，在没有任何环境税的情况下，S1 对中国实际 GDP 和就业产生积极影响，且随时间推移对就业的正向效应均逐年增加。到 2030 年，实际 GDP 和就业分别比基准情景增加 0.46% 和 3.57%。补贴促进了整个可再生能源产业及上下游相关产业的发展，从而增加了这些部门的经济产出，拉动了就业。正如 Dai et al.（2016）所言，发展可再生能源需要购买一些专门设备，如风力涡轮机和太阳能硅板等，这是一部分巨大的投资，有利于创造上游产业的经济产出、绿色增长点和就业。

表 7.13　2018–2030 年实际 GDP 和就业相对于基准情景的变动（%）

年份	实际 GDP				就业			
	S1	S2	S3	S4	S1	S2	S3	S4
2018	0.06	−0.37	−1.50	−1.84	0.13	−0.42	−1.86	−2.29
2019	0.25	−0.42	−2.54	−3.19	0.45	−0.40	−3.04	−3.85
2020	0.59	0.01	−2.60	−3.57	0.98	0.25	−2.98	−4.16
2021	0.89	0.49	−2.10	−3.37	1.53	1.01	−2.18	−3.72
2022	1.05	0.77	−1.52	−3.01	1.98	1.60	−1.24	−3.03
2023	1.09	0.87	−1.07	−2.66	2.35	2.05	−0.36	−2.26
2024	1.04	0.86	−0.77	−2.37	2.69	2.43	0.41	−1.48
2025	0.94	0.77	−0.62	−2.16	3.06	2.82	1.09	−0.70
2026	0.83	0.67	−0.54	−1.99	3.11	2.88	1.38	−0.30
2027	0.73	0.58	−0.48	−1.79	3.18	2.96	1.65	0.16
2028	0.63	0.49	−0.44	−1.58	3.28	3.06	1.92	0.64
2029	0.54	0.40	−0.42	−1.38	3.41	3.20	2.19	1.13
2030	0.46	0.33	−0.41	−1.21	3.57	3.37	2.46	1.61

仅加入硫税后（S2），实际 GDP 和就业相比于基准情景的增加幅度有所下降，并且在刚开始的两年为负值。仅加入碳税后（S3），实际 GDP 相比于基准情景减少，在 2020 年减少到 2.60% 后有所回升，到 2030 年相对

于基准情景减少 0.41%；与基准相比，就业在 2018—2023 年间一直是减少的，从 2024 年开始增加并在 2030 年比基准情景增加 2.46%。同时加入硫税和碳税后（S4），对实际 GDP 和就业的负面影响进一步增大。

表 7.14 给出了基于 2012 年投入产出表的模拟结果。S1 对中国实际 GDP 和就业产生积极影响，且随时间推移的正向效应均逐年增加。到 2030 年，实际 GDP 和就业分别比基准情景增加 1.98% 和 5.29%。仅加入硫税后（S2），实际 GDP 和就业相比于基准情景的增加幅度有所下降但仍为正。仅加入碳税后（S3），实际 GDP 相比于基准情景减少，在 2026 年减少到 2.10% 后有所回升，到 2030 年相对于基准情景减少 1.48%；与基准相比，就业在 2018—2026 年间一直是减少的，从 2027 年开始增加并在 2030 年比基准情景增加 1.44%。同时加入硫税和碳税（S4），对实际 GDP 和就业的负面影响进一步增大。

表 7.14　基于 2012 年投入产出表的实际 GDP 和就业的变动（%）

年份	实际 GDP				就业			
	S1	S2	S3	S4	S1	S2	S3	S4
2018	0.07	0.04	−0.42	−0.45	0.21	0.17	−0.33	−0.36
2019	0.18	0.12	−0.81	−0.87	0.47	0.41	−0.60	−0.66
2020	0.31	0.22	−1.16	−1.24	0.78	0.68	−0.79	−0.87
2021	0.42	0.30	−1.47	−1.57	1.10	0.98	−0.92	−1.02
2022	0.50	0.37	−1.74	−1.86	1.44	1.29	−0.96	−1.09
2023	0.59	0.44	−1.94	−2.08	1.82	1.65	−0.89	−1.03
2024	0.72	0.55	−2.05	−2.20	2.31	2.12	−0.66	−0.82
2025	0.91	0.73	−2.04	−2.20	2.94	2.75	−0.24	−0.41
2026	1.04	0.86	−2.10	−2.27	3.24	3.03	−0.17	−0.35
2027	1.21	1.02	−2.07	−2.26	3.60	3.39	0.01	−0.18
2028	1.41	1.22	−1.97	−2.16	4.04	3.82	0.32	0.12
2029	1.66	1.47	−1.77	−1.98	4.58	4.37	0.78	0.56
2030	1.98	1.79	−1.48	−1.68	5.29	5.07	1.44	1.21

7.4.6 对居民效用的影响

表 7.15 所示，S1 情景下，居民效用在 2018—2028 年相对于基准年情景增加；在 2030 年的时候比基准情景下降 0.34%。仅加入硫税后（S2），效用与基准相比减少，在 2021 年开始增加，但在 2028 年又减少并在 2030 年比基准情景下降 0.49%。仅加入碳税后（S3），效用与基准相比减少。同时加入硫税和碳税（S4），效用与基准相比减少的更多。在 2020 年，S3 情景和 S4 情景下效用相对于基准情景分别减少 3.53% 和 4.80%；到 2030 年，S3 情景和 S4 情景下效用相对于基准情景分别减少 1.24% 和 2.11%。

表 7.15　2018—2030 年居民效用相对于基准情景的变动（%）

年份	S1	S2	S3	S4
2018	0.06	−0.53	−2.04	−2.49
2019	0.29	−0.62	−3.45	−4.31
2020	0.70	−0.06	−3.53	−4.80
2021	1.03	0.53	−2.86	−4.52
2022	1.15	0.81	−2.13	−4.07
2023	1.09	0.84	−1.60	−3.65
2024	0.89	0.69	−1.30	−3.34
2025	0.62	0.43	−1.22	−3.16
2026	0.40	0.23	−1.17	−2.97
2027	0.20	0.03	−1.14	−2.73
2028	0.01	−0.15	−1.15	−2.49
2029	−0.17	−0.33	−1.18	−2.28
2030	−0.34	−0.49	−1.24	−2.11

7.5 本章小结

环境税是促进可再生能源发展的一种间接政策。本章基于最新的 2015

年中国投入产出延长表，利用动态 CGE 模型研究硫税和碳税政策促进可再生能源发展带来的环境及经济影响，得出以下主要结论：

（1）环境税政策促进可再生能源发电能够带来巨大的环境效益，从行业的视角看，由于发电从化石能源技术转为可再生能源技术，电力部门与其他部门相比具有更大的减排贡献。硫税和碳税政策同时实施的减排效果最显著，其次是仅实施碳税政策。

（2）较高的经济增长更有助于促进可再生能源的发展，这是因为高经济增长引致较高的能源需求，为可再生电力的应用提供了条件。环境税政策间接促进可再生能源发电的影响路径是税收增加了化石能源发电成本，从而改变了可再生能源和化石能源的相对优势，引发前者对后者的替代。

（3）到 2030 年，高低 GDP 增长率下的清洁电力份额将分别达到 48.88% 和 50.02%，新增加的清洁电力主要是风电和太阳能发电，水电的发展潜力有限。

（4）可再生能源的发展对 GDP、就业和效用都是积极的，但是加入环境税政策会抵消这一积极影响。环境税政策不能同时实现减排和经济发展的双重目标，在制定政策时要根据目标权衡利弊。

第 8 章　国际油价波动下的可再生能源政策作用分析

8.1 引言

尽管政府主导了可再生能源发展的战略方向，其发展受到政府规划的影响。

但可再生能源的发展还受到市场机制的影响，与化石能源价格的波动密切相关。在化石能源中，最具代表性的就是石油，它在一次能源消费中占据了非常重要的地位。本质上，历次能源危机的产生均是由于油价上涨（王朝阳等，2018）。因此，在可再生能源发展的过程中，主要考虑的因素是油价是否会显著影响可再生能源的生产（Shah et al.，2018）。此外，中国化石能源消费比重过大导致对能源进口的依赖性较大，主要表现为对石油的进口依存度较高。根据《可再生能源发展"十三五"规划》，2016 年中国的石油对外依存度约占所有石油消费总量的 2/3。2017 年，中国超过美国成为世界最大的原油进口国，进口量为 840 万桶 / 天，而美国为 790 万桶 / 天[1]。可再生能源作为传统化石能源的替代品，国际油价的波动势必影响中国可再生能源的生产和消费。

2018 年 11 月，布伦特（Brent）原油现货价格平均每桶 65 美元，较 2018 年 10 月每桶下降 16 美元，是自 2014 年 12 月以来最大的月平均价格下降幅度。根据美国能源信息署（EIA）预计，2019 年布伦特原油现货价格平均每桶 61 美元，而西德克萨斯中级原油（West Texas Intermediate，WTI）的平均价格将比布伦特原油价格低约 7 美元 / 桶。WTI 原有现货价格走势如图 8.1[2] 所示。

---

[1]　https://www.eia.gov/todayinenergy/detail.php?id=37821.

[2]　Short-Term Energy Outlook，https://www.eia.gov/outlooks/steo/.

美元/桶

图 8.1　WTI 原油现货价格走势

在油价与可再生能源关系的研究中，一是采用能源价格指数与其他价格指数的高频数据实证分析二者间的关系，从理论上为可再生能源投资提供依据，研究侧重于探讨两个市场股票价格波动之间的关系（王朝阳等，2018）。例如 Ferrer et al.（2018）使用时频空间方法、Reboredo et al.（2017）使用连续和离散小波方法、Reboredo（2015）使用 copulas 函数、Kumar et al.（2012）使用 VAR 模型、Sadorsky（2012）使用 GARCH 模型、Managi & Okimoto（2013）使用马尔可夫转换的 VAR 模型纷纷展开了研究。然而，上述研究关注的是可再生能源股价，并未涉及可再生能源的实体经济范畴。

二是采用时间序列研究油价与可再生能源的关系。Shah et al.（2018）利用挪威、美国和英国的年度数据，运用 VAR 方法探讨可再生能源投资、石油价格、宏观经济因素和政策之间的关系。结果表明，不同国家的可再生能源和石油价格之间的关系不同，取决于这个国家是石油进口国还是出口国，以及该国对可再生能源的支持水平。相关文献的研究还涉及可再生能源消费与油价之间的关系，例如 Brini et al.（2017）采用自回归分布滞后（ARDL）方法和格兰杰因果关系检验，研究突尼斯可再生能源消费、国际贸易、油价和经济增长之间的相互关系。Troster et al.（2018）应用格兰杰因果关系法检验美国可再生能源消费、油价和经济活动之间的因果关系。Al-Maamary et al.（2017）分析了油价波动对海湾合作组织国家（Gulf Cooperation Council，GCC）可再生能源发展的影响，研究只是现状描述，并未量化分析。不同于时间序列，Eder et al.（2018）使用面板数据分析可再生能源发展与油价的关系。

在研究结果的探讨中，一些研究得出油价与可再生能源之间关系密切。Apergis & Payne（2014）基于非线性平板平滑过渡矢量误差修正模型对中美洲国家的研究、Apergis & Payne（2014）利用面板误差修正模型对OECD 国家的研究、Apergis & Payne（2015）使用面板协整对南美的研究以及 Chang & Su（2010）使用 EGARCH 模型进行的研究均得出油价与可再生能源之间的关系密切。然而，Sadorsky（2009）利用面板协整对 G7 国家（七国集团，又称"西方七大工业国"，即：加拿大、法国、德国、英国、意大利、日本、美国）的研究得出油价对可再生能源的影响较小；Payne（2012）发现实际油价对可再生能源配置没有因果影响。究其原因，石油价格与可再生能源之间的关系因国家和时间跨度而异（Lee & Huh，2017）。

那么，国际油价波动如何影响中国可再生能源的发展，在市场因素不利于可再生能源发展的情况下，可再生能源政策将发挥怎样的作用，本章将基于 CGE 模型展开分析。

8.2 数据与情景设定

8.2.1 数据

本章使用的基础数据为中国 2015 年投入产出延长表。产业部门拆分、各种弹性参数的设定均与第 7 章中的相同，不再赘述。

8.2.2 基准情景

基准情景是为冲击模拟提供参考的标准，这里指没有油价冲击时中国经济未来发展的自然状态，主要设置 GDP 增长率和劳动增长率。2019—2023 年的 GDP 增长率的设定参考 IMF[①] 的预测值，2024—2030 年的 GDP 增长率的设定参考 EIA[②]。劳动增长率的设定参考联合国人口司的人口发展展望。基准情景的设定如表 8.1 所示。

表 8.1　基准情景（%）

年份	GDP 增长率	劳动增长率
2019	6.4	−0.22
2020	6.3	−0.22
2021	6.0	−0.33
2022	5.7	−0.33
2023	5.5	−0.33
2024	5.4	−0.33
2025	5.4	−0.33
2026—2030	4.5	−0.79

---

① www.imf.org/external/datamapper/NGDP_RPCH@WEO/OEMDC/ADVEC/WEOWORLD/CHN.

② U.S. Energy Information Administration（EIA），World Energy Projection System Plus（2018）.

8.2.3 模拟情景

关于油价波动的情景设定主要参考其他相关文献。Timilsina（2015）
分别设定油价比基准值（2012 年）增加 25%、50% 和 100%；Aydın & Acar
（2011）设定世界石油价格每年上涨 4%；Liu et al.（2015）在模拟中设定
油价上涨 100%；Maisonnave et al.（2012）设定 2020 年石油价格上涨 50%，
2025 年石油价格上涨 100%，2030 年石油价格上涨 150%。Maisonnave 等
认为有关油价上涨幅度的设定来自能源价格预测的文献，这些预测值不
一定精确，但研究目的不是预测油价而是研究高油价如何与气候政策相
互作用，因此根据参考文献设置的油价上涨幅度是合理的。Henseler &
Maisonnave（2018）认为假设油价小幅上涨能够避免政策影响被过高估计，
由于从模拟结果可以得出更极端的价格冲击的影响，因此模拟油价小幅度
波动要比模拟大幅度波动更具参考价值。

上述研究均是关于油价上涨的设定，油价下跌的设定鲜有。本章根据
世界银行 2017 年商品市场展望，整理了 2014—2030 年平均原油价格并计
算了油价波动率，如表 8.2 所示。根据表 8.2，世界银行预测的未来油价是
上升的，比如 2019 年油价将比 2018 年上升 2.5%。但是影响油价的因素
众多且具有不确定性，美国能源部给出了长期预测中四个影响世界石油价
格的因素：非欧佩克国家常规石油供应、欧佩克国家投资和生产决策、非
常规石油供应、世界对石油的需求。世界石油价格长期预测中的不确定性
在很大程度上可以用上述其中一个或多个因素的不确定性来解释。比如，
2015 年国际油价暴跌，比 2014 年下降 47.2%。因此，国际油价在长期也
有可能是下降的。

表 8.2　原油价格及其波动

年份	平均原油价格 （美元 / 桶）	波动 （%）
2014	96.2	–
2015	50.8	−47.2
2016	42.8	−15.7
2017	55.0	28.5
2018	60.0	9.1
2019	61.5	2.5
2020	62.9	2.3
2025	71.0	12.9
2030	80.0	12.7

数据来源：世界银行 2017 年商品市场展望，http://www.worldbank.org/commodities

　　参照相关文献对油价的设定以及计算的波动率，本章主要分别模拟国际油价年均上涨和下降波动率 2.5% 和 5% 的情景，一直模拟到 2030 年。考虑到油价下跌对中国可再生能源发展可能存在不利影响，本章在油价下跌情景中加入政策因素，进一步模拟了可再生能源政策的影响。这里的可再生能源政策的设定参考 Wei et al.（2019），设定可再生能源补贴率每年增加 1 个百分点。这里的目的是为了验证油价下跌不利于可再生能源发展时政策的作用，因此只模拟一种补贴率提高的政策。具体的模拟情景设定如表 8.3 所示。OP+2.5 表示国际油价上升 2.5%，同理 OP−2.5 表示国际油价下降 2.5%，而 RE&OP−2.5 表示国际油价下降 2.5% 的情况下加入可再生能源政策。

表 8.3　模拟情景

情景代码	情景描述
OP+2.5	国际油价年均递增 2.5%
OP+5	国际油价年均递增 5%

情景代码	情景描述
OP–2.5	国际油价年均递减 2.5%
OP–5	国际油价年均递减 5%
RE&OP–2.5	国际油价年均递减 2.5%，可再生能源政策
RE&OP–5	国际油价年均递减 5%，可再生能源政策

8.3 结果分析

8.3.1 可再生能源产出

表 8.4 显示了国际油价波动下可再生能源产出相对于基准情景的变动。国际油价上升，可再生能源产出增加；国际油价下跌，可再生能源产出减少；国际油价上升和下跌的幅度越大，可再生能源产出增加和减少的幅度越大。到 2030 年，油价年均上涨 2.5% 和 5% 时，可再生能源产出相对于基准情景分别上升 3.12% 和 5.60%；而油价年均下降 2.5% 和 5% 时，可再生能源产出相对于基准情景分别下降 3.65% 和 7.76%。

油价上涨导致企业生产成本增加而减少石油投入量，可再生能源和石油相对价格的变化产生替代效应，企业增加可再生能源投入量，刺激了可再生能源行业发展。而在油价下跌的情况下，同样因为相对价格的变化产生替代效应，加之可再生能源本来就不具备竞争优势，企业增加石油投入量而减少可再生能源投入量。此外，国际油价上升和下跌对可再生能源产出的影响是非对称的，油价下跌带来的冲击更大。

上述说明可再生能源发展受化石能源价格的影响，与市场因素相关。为了抵消油价下跌对可再生能源产出的负面影响，进一步在油价下跌情景中加入政策因素，进一步模拟了可再生能源政策的影响。结果显示，油价年均下降 2.5% 和 5% 时加入可再生能源政策，2030 年的可再生能源产出相对于基准情景分别增加 14.82% 和 9.82%。因此，在国际油价下跌不利于可再生能源发展时，政府应该采取积极的扶持政策，抵消这一负面效应。此外，在油价下跌幅度更大的情况下，可再生能源政策的作用更受限。

表 8.4　可再生能源产出相对于基准情景的变动（％）

年份	OP+2.5	OP+5	OP−2.5	OP−5	RE&OP−2.5	RE&OP−5
2019	0.12	0.22	−0.13	−0.26	1.21	1.07
2020	0.28	0.52	−0.31	−0.66	2.41	2.05
2021	0.49	0.91	−0.56	−1.18	3.59	2.93
2022	0.74	1.36	−0.85	−1.81	4.77	3.74
2023	1.02	1.87	−1.17	−2.50	5.95	4.51
2024	1.32	2.42	−1.52	−3.22	7.14	5.26
2025	1.62	2.98	−1.87	−3.96	8.36	6.01
2026	1.92	3.51	−2.22	−4.69	9.59	6.77
2027	2.22	4.03	−2.57	−5.44	10.85	7.53
2028	2.52	4.56	−2.92	−6.19	12.14	8.29
2029	2.81	5.08	−3.28	−6.96	13.46	9.06
2030	3.12	5.60	−3.65	−7.76	14.82	9.82

8.3.2 可再生能源投资

国际油价波动对可再生能源投资的影响与其对可再生能源产出的影响类似。国际油价上升，可再生能源投资增加；国际油价下跌，可再生能源投资减少；国际油价上升和下跌的幅度越大，可再生能源投资增加和减少的幅度越大。可再生能源政策抵消了国际油价下跌对可再生能源投资的负面影响。

在上面的产出分析中提到国际油价上涨刺激了可再生能源行业发展，因此有利于该产业吸引投资，而在油价下跌时与之相反。在油价下跌的情况下加入可再生能源政策，实际上强化了可再生能源的竞争优势，抵消了油价下跌的负面影响，投资相对于基准增加。根据表 8.5，到 2030 年，油价年均上涨 2.5% 和 5% 时，可再生能源投资相对于基准情景分别上升 2.78% 和 4.69%；而油价年均下降 2.5% 和 5% 时，可再生能源投资相对于基准情景分别下降 3.85% 和 9.04%。

表 8.5　投资相对于基准情景的变动（%）

年份	OP+2.5	OP+5	OP−2.5	OP−5	RE&OP−2.5	RE&OP−5
2019	0.48	0.92	−0.51	−1.07	5.42	4.84
2020	1.12	2.12	−1.25	−2.63	10.80	9.27
2021	1.89	3.53	−2.14	−4.53	15.59	12.88
2022	2.67	4.94	−3.05	−6.45	19.31	15.43
2023	3.33	6.13	−3.84	−8.14	21.60	16.85
2024	3.78	6.90	−4.41	−9.38	22.36	17.20
2025	3.96	7.17	−4.70	−10.08	21.66	16.58
2026	4.00	7.14	−4.85	−10.52	20.68	15.82
2027	3.85	6.79	−4.80	−10.58	19.01	14.59
2028	3.57	6.20	−4.59	−10.30	16.94	13.07
2029	3.19	5.47	−4.26	−9.76	14.72	11.42
2030	2.78	4.69	−3.85	−9.04	12.52	9.76

8.3.3 可再生能源投资回报率

图 8.2 展示了国际油价波动不同情景下可再生能源投资回报率相对于基准情景的变化趋势。总体上看，在油价持续上升时投资回报率持续增加，在油价持续下跌时投资回报率持续降低。国际油价上升和下跌的幅度越大，可再生能源投资回报率增长和降低的幅度越大。可再生能源作为石油的替代品，国际油价持续上涨刺激其发展，加之可再生能源行业发展前景广阔，投资回报率相比于基准增加，也有利于该产业吸引投资。油价持

续下跌时正好相反。

在油价持续下跌的情况下加入可再生能源支持政策，投资回报率持续增加。到 2030 年，情景 RE&OP–2.5 和 RE&OP–5 的投资回报率分别比基准情景增加 28.52% 和 20.29%。而在情景 OP–2.5 和 OP–5 下，投资回报率分别比基准情景减少 5.45% 和 11.65%。

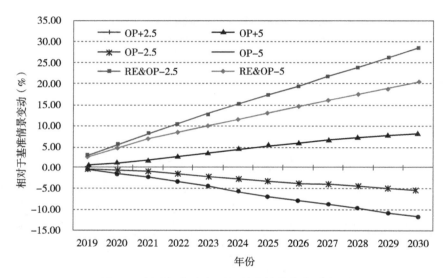

图 8.2 投资回报率相对于基准情景的变动趋势

8.3.4 宏观经济

表 8.6 给出了国际油价波动对中国实际 GDP、CPI 和出口的影响。首先分析国际油价波动对中国实际 GDP 的影响。总体上看，国际油价上升引起中国实际 GDP 下降，国际油价下降引起中国实际 GDP 增加。国际油价下降情形下加入可再生能源政策，强化了对 GDP 的积极影响。国际油价下降使得中国对石油的进口成本降低，从而降低了整个石油化工行业的成本，最终通过整个产业链的传递降低宏观经济的运行成本，有利于经济发展。国际油价上升对 GDP 的作用原理与上述相反。此外，油价上涨幅度越

大，对 GDP 的负面影响越大；油价下跌幅度越大，对 GDP 的正面影响越大；国际油价上升和下降对实际 GDP 的影响是非对称的。根据表 8.6，到 2030 年，油价年均上涨 2.5% 和 5% 时，实际 GDP 相对于基准情景分别下降 0.97% 和 1.79%；而油价年均下降 2.5% 和 5% 时，实际 GDP 相对于基准情景分别增加 1.05% 和 2.12%；油价年均下降 2.5% 和 5% 时加入可再生能源政策，实际 GDP 相对于基准情景分别增加 1.54% 和 2.65%。可再生能源政策的加入进一步刺激了可再生能源产业的发展，带动上下游相关产业发展，有利于宏观经济发展。

国际油价波动对 CPI 的影响也是不对称的。国际油价上升导致能源密集型产业的生产成本上升，进一步推高其他产品的生产成本，通过经济循环过程传递给消费者，推动 CPI 上涨；国际油价下跌与之相反。到 2030 年，油价年均上涨 2.5% 和 5% 时，CPI 相对于基准情景分别上升 0.72% 和 1.35%；而油价年均下降 2.5% 和 5% 时，CPI 相对于基准情景分别下降 0.75% 和 1.52%；油价年均下降 2.5% 和 5% 时加入可再生能源政策，CPI 相对于基准情景分别下降 0.71% 和 1.40%。可再生能源政策的加入能够抵消油价下跌对 CPI 的负影响。

国际油价波动对出口的影响是油价上升，出口下降；油价下跌，出口增加。原因是国际油价上涨导致生产、生活成本上涨，国外需求不足（与国内类似）导致出口下降。

表 8.6 GDP、出口、CPI 相对于基准情景的变动（%）

情景	经济变量	2019	2020	2021	2022	2023	2024	2025	2026	2027	2028	2029	2030
OP+2.5	GDP	0.02	0.01	-0.01	-0.05	-0.09	-0.16	-0.25	-0.35	-0.48	-0.63	-0.79	-0.97
	出口	-0.50	-1.00	-1.60	-2.36	-3.23	-4.12	-4.95	-5.68	-6.32	-6.86	-7.31	-7.68
	CPI	0.07	0.14	0.21	0.30	0.41	0.51	0.60	0.67	0.72	0.74	0.74	0.72
OP+5	GDP	0.04	0.03	-0.02	-0.09	-0.17	-0.28	-0.45	-0.64	-0.88	-1.16	-1.46	-1.79
	出口	-0.96	-1.87	-2.97	-4.35	-5.92	-7.50	-8.97	-10.24	-11.33	-12.23	-12.97	-13.58
	CPI	0.14	0.26	0.39	0.57	0.76	0.96	1.12	1.26	1.34	1.39	1.39	1.35
OP-2.5	GDP	-0.03	-0.02	0.01	0.06	0.11	0.18	0.29	0.40	0.53	0.69	0.86	1.05
	出口	0.54	1.13	1.84	2.75	3.77	4.82	5.81	6.73	7.55	8.26	8.86	9.36
	CPI	-0.08	-0.15	-0.24	-0.34	-0.45	-0.56	-0.65	-0.72	-0.77	-0.79	-0.79	-0.75
OP-5	GDP	-0.05	-0.04	0.03	0.12	0.24	0.40	0.61	0.84	1.11	1.43	1.76	2.12
	出口	1.14	2.40	3.95	5.88	8.05	10.29	12.43	14.43	16.23	17.84	19.24	20.45
	CPI	-0.16	-0.32	-0.50	-0.71	-0.94	-1.15	-1.33	-1.47	-1.56	-1.60	-1.59	-1.52
RE&OP-2.5	GDP	0.02	0.11	0.26	0.42	0.59	0.74	0.89	1.02	1.15	1.28	1.41	1.54
	出口	0.45	0.67	0.87	1.24	1.84	2.67	3.74	4.90	6.16	7.47	8.77	10.03
	CPI	-0.06	-0.06	-0.05	-0.06	-0.09	-0.16	-0.25	-0.35	-0.46	-0.56	-0.65	-0.71
RE&OP-5	GDP	-0.01	0.09	0.26	0.47	0.70	0.94	1.21	1.47	1.74	2.04	2.34	2.65
	出口	1.05	1.95	3.00	4.42	6.16	8.13	10.26	12.40	14.54	16.64	18.66	20.56
	CPI	-0.14	-0.23	-0.32	-0.44	-0.60	-0.77	-0.94	-1.09	-1.22	-1.32	-1.38	-1.40

8.3.5 行业产出

对行业产出的影响分析以国际油价年均波动 2.5% 为例，对传统能源行业和非能源行业产出的影响如表 8.7 所示。首先分析对能源行业的影响。国际油价上升，石油行业无疑是最直接的受益者，受高油价高利润的影响，产出增加，到 2030 年行业总产出比基准情景增加 0.29%。电力部门中燃油发电的成本增加，导致该行业产出急剧下降。油价上升带动整个能源行业发展景气，煤、天然气行业以及电力部门的燃煤发电和燃气发电产出比基准情景增加。

在国际油价下跌的情况下，受进口石油替代的原因，石油行业产出受到负面影响，带动整个能源行业不景气。但是电力部门中燃油发电的成本下降，导致该行业蓬勃发展。在加入可再生能源政策后，由于增加了可再生能源的竞争优势，传统能源行业的发展更加受到抑制。燃油发电虽然与基准情景相比增加，但增加幅度小于只有油价下跌的情景。

然后分析对非能源行业的影响。国际油价上升，由于增加了非能源行业的生产成本，因而影响是负面的。需要注意的是，国际油价上升对建筑业的影响是积极的。一种解释是油价上升时，企业会用更多的资本、劳动力等生产要素替代能源要素，资本回报率的提高导致固定资产投资大幅增加。建筑业作为固定资产投资的重要组成部分，故产出比基准增加。

表 8.7　国际油价年均波动 2.5% 下的行业产出相对于基准情景的变动（%）

情景	行业	2019	2020	2021	2022	2023	2024	2025	2026	2027	2028	2029	2030
OP+2.5	煤	0.04	0.08	0.10	0.11	0.12	0.12	0.12	0.12	0.11	0.11	0.10	0.10
	石油	0.04	0.08	0.12	0.15	0.18	0.21	0.23	0.25	0.26	0.27	0.28	0.29
	天然气	0.01	0.02	0.03	0.03	0.04	0.04	0.03	0.03	0.03	0.03	0.03	0.03
	燃煤发电	0.10	0.22	0.37	0.54	0.73	0.92	1.11	1.28	1.45	1.61	1.76	1.91
	燃气发电	0.11	0.27	0.48	0.73	1.01	1.32	1.63	1.94	2.25	2.56	2.87	3.18
	燃油发电	-1.88	-4.75	-8.54	-12.99	-17.85	-22.97	-28.22	-33.14	-37.98	-42.70	-47.23	-51.55
	农业	-0.02	-0.06	-0.13	-0.20	-0.28	-0.37	-0.46	-0.53	-0.61	-0.67	-0.72	-0.76
	轻工业	-0.05	-0.13	-0.22	-0.34	-0.48	-0.63	-0.78	-0.91	-1.02	-1.12	-1.20	-1.24
	重工业	-0.07	-0.17	-0.33	-0.53	-0.76	-1.03	-1.34	-1.65	-1.99	-2.36	-2.75	-3.17
	建筑业	0.26	0.46	0.68	0.97	1.30	1.61	1.86	2.05	2.16	2.18	2.13	2.02
	交通运输业	-0.02	-0.06	-0.14	-0.23	-0.35	-0.50	-0.67	-0.85	-1.04	-1.26	-1.48	-1.72
	服务业	0.02	0.01	-0.02	-0.06	-0.11	-0.17	-0.26	-0.36	-0.48	-0.62	-0.77	-0.93
OP-2.5	煤	-0.05	-0.09	-0.11	-0.13	-0.14	-0.15	-0.15	-0.15	-0.14	-0.14	-0.13	-0.13
	石油	-0.05	-0.10	-0.15	-0.19	-0.23	-0.27	-0.30	-0.33	-0.36	-0.39	-0.41	-0.42
	天然气	-0.01	-0.03	-0.03	-0.04	-0.04	-0.04	-0.04	-0.04	-0.04	-0.04	-0.04	-0.04
	燃煤发电	-0.10	-0.24	-0.42	-0.62	-0.84	-1.07	-1.29	-1.50	-1.70	-1.90	-2.10	-2.29
	燃气发电	-0.12	-0.30	-0.54	-0.84	-1.16	-1.51	-1.87	-2.23	-2.59	-2.96	-3.33	-3.71
	燃油发电	2.07	5.56	10.59	17.03	24.79	33.84	44.23	55.38	67.85	81.73	97.13	114.16

续表

情景	行业	2019	2020	2021	2022	2023	2024	2025	2026	2027	2028	2029	2030
	农业	0.02	0.07	0.14	0.23	0.32	0.42	0.52	0.60	0.68	0.74	0.78	0.81
	轻工业	0.06	0.14	0.25	0.39	0.55	0.72	0.88	1.02	1.15	1.25	1.32	1.35
	重工业	0.07	0.20	0.38	0.61	0.89	1.21	1.56	1.93	2.33	2.76	3.21	3.69
	建筑业	-0.28	-0.52	-0.78	-1.12	-1.50	-1.87	-2.18	-2.44	-2.61	-2.71	-2.72	-2.68
	交通运输业	0.02	0.07	0.16	0.27	0.41	0.57	0.76	0.96	1.17	1.41	1.65	1.89
	服务业	-0.02	-0.01	0.03	0.07	0.13	0.20	0.30	0.41	0.54	0.69	0.84	1.01
	煤	-0.08	-0.13	-0.16	-0.18	-0.19	-0.20	-0.20	-0.20	-0.20	-0.19	-0.19	-0.18
	石油	-0.05	-0.10	-0.15	-0.20	-0.25	-0.28	-0.32	-0.35	-0.37	-0.40	-0.42	-0.43
	天然气	-0.02	-0.03	-0.04	-0.05	-0.05	-0.05	-0.05	-0.05	-0.05	-0.05	-0.05	-0.05
	燃煤发电	-0.43	-0.90	-1.40	-1.95	-2.53	-3.16	-3.82	-4.49	-5.20	-5.94	-6.71	-7.51
	燃气发电	-0.43	-0.91	-1.46	-2.07	-2.74	-3.46	-4.24	-5.04	-5.88	-6.77	-7.70	-8.68
	燃油发电	1.30	3.97	8.12	13.55	20.08	27.54	35.80	44.34	53.53	63.40	73.95	85.25
RE&OP +2.5	农业	0.05	0.13	0.24	0.37	0.50	0.63	0.74	0.84	0.92	0.99	1.03	1.05
	轻工业	0.07	0.16	0.27	0.40	0.56	0.74	0.92	1.10	1.27	1.42	1.54	1.63
	重工业	0.11	0.30	0.55	0.87	1.24	1.65	2.10	2.54	3.01	3.50	4.02	4.56
	建筑业	-0.16	-0.08	0.09	0.21	0.24	0.12	-0.13	-0.46	-0.87	-1.31	-1.75	-2.16
	交通运输业	0.05	0.16	0.31	0.49	0.69	0.91	1.14	1.37	1.62	1.87	2.14	2.41
	服务业	0.02	0.10	0.23	0.37	0.51	0.65	0.79	0.91	1.03	1.15	1.27	1.40

国际油价下跌时，非能源行业的生产成本下降，除建筑业外的各行业产出比基准增加。受益最大的是重工业，其次是交通运输业。燃油对交通运输部门而言必不可少，国际油价下跌，国内成品油价格下降，运输成本的下降导致交通运输业产出增加。

8.3.6 环境

图 8.3 显示了国际油价波动对二氧化碳排放的影响。在油价持续上涨的情景下，碳排放与基准情景相比下降，且随时间推移下降更多；油价持续上涨得越多，比基准情景下降的幅度越大。油价上涨抑制经济增长的同时抑制了能源消费，因此碳排放减少，大气环境好转。此外，根据前面所述油价上涨有利于可再生能源发展，也有益于大气环境改善。

在油价持续下降的情景下，碳排放比基准情景增加，同样随时间推移增加更多；油价持续下降得越多，比基准情景增加的幅度越大。油价下降有利于经济增长从而刺激能源消费，不利于大气环境改善。

在油价年均上涨 2.5% 和 5% 的情景下，2030 年碳排放分别比基准情景减少 0.94% 和 1.69%；在油价年均下降 2.5% 和 5% 的情景下，2030 年碳排放分别比基准情景增加 1.11% 和 2.37%。可见油价双向波动对大气环境的影响是非对称的。

在油价下降加入可再生能源政策的情况下，油价下降对环境的不利影响有所改进。在油价年均下降 2.5% 和 5% 并加入可再生能源政策情景下，2030 年碳排放分别比基准情景增加 0.31% 和 1.58%。这是因为可再生能源政策增加了可再生能源的竞争优势，可替代一部分化石能源消费，有助于环境改善。但是，由于替代的有限性，碳排放与基准情景相比还是增加的。

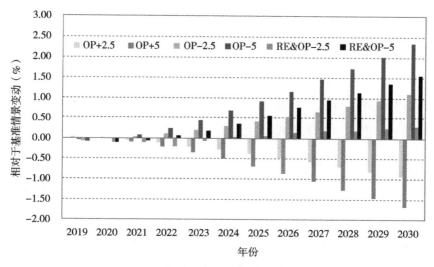

图 8.3　碳排放相对于基准情景的变动

8.4 本章小结

可再生能源的发展受到政府政策和市场机制的双重影响。本章将油价冲击作为市场因素的代表，模拟了油价波动对可再生能源产出与投资的影响，同时分析了其对宏观经济、行业产出与环境的影响。此外，模拟了油价波动与可再生能源政策的组合情景，验证可再生能源政策的作用。研究主要得出以下主要结论：

（1）国际油价上升，可再生能源产出、投资增加；国际油价下跌，可再生能源产出、投资减少；国际油价上升和下跌的幅度越大，可再生能源产出、投资增加和减少的幅度越大。国际油价上升和下跌对可再生能源产出、投资的影响是非对称的，油价下跌带来的冲击更大。可再生能源政策提高了可再生能源的竞争优势，能够抵消油价下跌对可再生能源产出、投资的负面影响。

（2）在油价持续上升时可再生能源投资回报率持续增长，在油价持续下跌时可再生能源投资回报率持续降低。国际油价上升和下跌的幅度越大，可再生能源投资回报率增长和降低的幅度越大。

（3）国际油价上升引起中国实际 GDP 下降、CPI 上涨、出口下降；国际油价下降引起中国实际 GDP 增加、CPI 下降、出口增加。国际油价下降情形下加入可再生能源政策，强化了对 GDP 的积极影响、抵消了对 CPI 的负面影响。国际油价上升和下降对实际 GDP、CPI 和出口的影响是非对称的。

（4）油价上升带动整个能源行业（除燃油发电）发展景气，油价下跌的情形与之相反。在油价下跌时加入可再生能源政策后，由于增加了可再生能源的竞争优势，传统能源行业的发展更加受到抑制。国际油价上升对非能源行业（除建筑业）的影响是负面的，油价下跌的情形与之相反。

（5）油价上涨抑制经济增长的同时抑制了能源消费，加之有利于可再生能源发展，碳排放减少，大气环境好转；油价下降有利于经济增长从而刺激能源消费，不利于大气环境改善，加入可再生能源政策后，油价下降对环境的不利影响有所改进。

第 9 章　研究结论与政策建议

9.1 研究结论

本书在 CGE 模型框架下研究中国的可再生能源发电政策问题及其环境经济影响，主要研究结论如下：

第一，对可再生能源上网电价补贴与环境税的环境经济影响进行比较静态分析时得出：（1）提高可再生能源电价补贴能够减少温室气体和污染气体的总排放与行业排放，行业减排力度由大到小依次为农业、服务业、轻工业、能源行业和重工业。（2）补贴拉动经济增长，增加环境税政策，大气环境的福利效益更加显著且补贴抵消了征税对经济增长的部分负面影响。（3）补贴促进可再生能源发电量不断提升，替代燃煤火电的贡献越来越大，优化了能源结构，是产生大气环境福利效益的根本原因；增加环境税政策可以加快能源结构优化的进程，助力实现应对气候变化的目标。

第二，动态分析可再生能源上网电价补贴促进可再生能源发电带来的环境及经济影响时得出：（1）可再生能源电价补贴对减排、实际 GDP 和就业产生正向效应且逐年增加，持续高补贴情景具有明显的减排效果，在前期有利于创造更高的实际 GDP 和就业，但后期会增加财政税收负担从而不利于经济发展。（2）补贴政策有利于可再生电力产业吸引投资并带动重工业、服务业和农业尤其是重工业的发展，实现清洁能源电力对火电的替代，优化能源消费结构。（3）长期预测发现，持续补贴情景比阶段补贴情景对就业的积极影响更大，减排效应更加显著，但实际 GDP 在阶段补贴情景下的发展优势逐渐显现。

第三，动态研究利用间接环境税政策促进可再生能源发电带来的环境及经济影响时得出：（1）通过间接环境税政策促进可再生能源发展，能够带来巨大的环境效益，由于发电从化石能源技术转为可再生能源技术，电力部门与其他部门相比具有更大的减排贡献。（2）环境税政策间接促进可再生能源发展的影响路径是税收增加了化石能源发电成本，从而改变了可再生能源和化石能源的相对优势，引发前者对后者的替代；未来新增加的清洁电力主要是风电和太阳能发电，水电的发展潜力有限。（3）加入环境税政策会抵消发展可再生能源对 GDP、就业等积极的影响，环境税政策不能同时实现减排和经济发展的双重目标，在制定政策时要根据目标权衡利弊。

第四，将国际油价冲击作为市场因素的代表，验证油价波动下可再生能源政策的作用时发现：（1）国际油价上升时，可再生能源产出、投资、投资回报率增长；国际油价上升引起中国实际 GDP 下降、CPI 上涨、出口下降；油价上升带动整个能源行业（除燃油发电）发展景气，对非能源行业（除建筑业）的影响是负面的；油价上涨抑制经济增长的同时抑制了能源消费，碳排放减少，大气环境好转。（2）国际油价下跌时，可再生能源产出、投资、投资回报率降低；国际油价下降引起中国实际 GDP 增加、CPI 下降、出口增加；油价下跌对能源行业（除燃油发电）的影响是负面的，对非能源行业（除建筑业）的影响是正面的；油价下降有利于经济增长从而刺激能源消费，不利于大气环境改善。（3）国际油价下降情形下加入可再生能源政策，能够抵消油价下跌对可再生能源产出、投资的负面影响，强化了对 GDP 的积极影响、抵消了对 CPI 的负面影响，改进油价下降对环境的不利影响。

9.2 政策建议

综合研究结论主要提出以下政策建议：

（1）短期内提高可再生能源电价附加征收标准，辅以硫税或碳税政策，补贴与税收双管齐下。目前可再生能源不能与常规化石能源直接竞争，可再生能源发电不能与火电直接竞争，要实现2030年中国强化应对气候变化的行动目标，使非化石能源占一次能源消费比重达到20%左右，必须加大对可再生能源产业的扶持力度，提高可再生能源电价补贴是最直接有效的政策手段。环境需求上行的因素要求可再生能源发电竞争力在国家扶持下达到一定水平，而硫税或碳税政策短时间内减排效果显著，双管齐下既增强了短期减排力度，也满足了长期可持续发展要求。

（2）中期内适时调整补贴方式，电价附加的补贴模式逐渐向定额补贴、绿色证书模式过渡。可再生能源附加与燃煤标杆电价组成可再生能源发电电价的方式还需保留一段时间，但由于面临可再生能源电价补贴资金不足的问题，补贴方式需调整，实行"价格"和"补贴"的分离。要使用多种补贴方式规避单一补贴方式的不足，逐步将现行的差价补贴模式转变为定额补贴方式，通过设定售电企业非水电可再生能源配额指标的绿色证书方式，补偿可再生能源发电的环境、社会效益。此外，补贴率要根据可再生电力能源发展的不同阶段进行调整，探索利用市场发现补贴的标准，兼顾发展目标和经济效益，在前期保证其发展的速度，在后期考虑其发展的可持续性及因补贴而引致的财政税收负担。

（3）长期内最终取消补贴。仅仅靠补贴政策刺激，往往使可再生能源企业忽视发展投资与技术进步的长期规划。从经济方面的长久影响来看，可再生能源发电补贴政策要考虑可再生能源产业的生命周期和财税负担等因素，要随着补贴强度的逐步降低，最终取消补贴。逐步降低可再生电力能源的财政补贴强度，就要与碳交易市场相对接，为最终取消补贴创造条件。

当前，可再生能源不能与常规化石能源直接竞争，可再生能源发电不能与火电直接竞争，除了继续践行财政资金补贴的扶持政策，今后的电力改革目标中应包括化石能源发电与可再生能源发电竞争环境的市场化和合理化。现阶段，要通过积极的扶持政策使开发运营成本仍然很高、技术尚未成熟的可再生能源项目有长期稳定的合理回报，从而吸引部件、系统、运营商和投资人的积极参与。总之，发展可再生能源是中国环境治理的一个重要方面，也是经济发展的重要助推力。因此，应将发展可再生能源作为一项重要的国家战略，在资金、技术和政策等方面提供全面支持，推动整个可再生能源行业的可持续发展。在积极稳妥发展水电的同时，要全面协调推进风电的开发和高效利用，有序推进大型风电基地建设和海上风电开发建设，解决弃风弃电问题；推动太阳能多元化利用，因地制宜推进太阳能发电示范工程建设；探索水能与核能、风能、太阳能等可再生能源发电一体化建设运营管理的新模式和机制。

此外，根据当前可再生能源发展面临的诸多问题，可再生能源电价政策存在的价格补贴重电源轻电网、重生产轻服务、电价补贴不及时到位等问题，可再生能源消纳不足，弃风、弃电现象严重等问题，从宏观层面主要提出以下政策建议：

1. 明确中国可再生能源产业的战略定位

中国的可再生能源产业应该在"能源安全 + 环境安全 + 产业安全"的可再生能源战略框架下具备下列战略定位：首先，不仅仅是创造 GDP 和就业，而是要以可再生能源领域的技术研发促进整个经济的"创新驱动，转型发展"；其次，提供价格适宜、质量可靠的可再生能源产品，对中国可再生能源战略起到支撑作用；最后，通过发展可再生能源等低碳产业，未雨绸缪，培育中国在未来低碳经济时代的产业竞争力。

建立可再生能源开发利用目标导向的管理体系，落实《可再生能源法》的要求，按照可再生能源发展规划目标，确定规划期内各地区一次能源消费总量中可再生能源消费比重指标，以及全社会电力消费量中可再生能源电力消费比重指标。抓紧研究有利于可再生能源大规模并网的电力运行机制及技术支撑方案，建立以可再生能源利用指标为导向的能源发展指标考核体系，完善国家及省级间协调机制，按年度分解落实，并对各省（区、市）、电网公司和发电企业可再生能源开发利用情况进行监测，及时向全社会发布并进行考核，以此作为衡量能源转型的基本标准以及推动能源生产和消费革命的重要措施。各级地方政府要按照国家规划要求，制定本地区可再生能源发展规划，并将主要目标和任务纳入地方国民经济和社会发展规划。

2. 完善可再生能源政策法律体系

可再生能源政策法律体系主要从两个方面加以完善，一是修订《可再生能源法》并完善实施细则，二是促进可再生能源立法与其他相关法规的协调。下面展开详细叙述。

第一，修订《可再生能源法》并完善实施细则。中国现行的《可再生能源法》等可再生能源法律制度的内容都较为宏观抽象，虽然为发展可再生能源提供了强制性保障，却导致出台的法律制度容易被架空，执行起来总是需要相关部门再另行制定详细化的实施方案。因此，需要将增强应用性和可操作性作为出发点，实现从"政策性立法"向"应用性立法"的改进。首先，加快《可再生能源法》修订。应加快《可再生能源法》中关于发电上网、全额收购、发电上网电价和费用分摊等条款的修订。另外，进一步补充可再生能源开发、并网、利用方面的法律条款，增强《可再生能源法》的适应性和可操作性。其次，淡化法律的政治性规定，强化法律的规范功能。《可再生能源法》修订应增强对各类法律主体行为、权利义务、法律责任的规范。应明确政府的调控与监管职责；企业应根据政策导向与市场需求，加强可再生能源的开发利用，可再生能源交易应在市场机制的规则下进行；明确公众的环境意识，促进可再生能源消费。再次，加快实施细则制定。各职能部门应围绕《可再生能源法》等可再生能源相关法律法规，完善相关规章制度、实施细则、技术规范等，以增强法律法规的可操作性。最后，完善可再生能源立法的"技术性"规定。可再生能源立法的前提是充分了解风能、太阳能、生物能等各种可再生能源的特征、地域分布、开发利用技术和方式、发展前景等现实情况，在立法的时候才更具针对性。因此，应在可再生能源立法中补充相关技术规定，体现立法的"技术性"。

第二，促进可再生能源立法与其他相关法规的协调。中国可再生能源立法与其他相关法规之间存在不协调的问题，如《电力法》中规定具有独立法人资格的电力企业才可以并网，而《可再生能源法》只要求建设可再生能源并网发电项目应取得行政许可；又如，依《电力法》规定，制定电价所考虑的合理成本没有包含环境损失，这不合理地强化了可再生能源的电价劣势。因此，在未来的立法或修法过程中，需要理顺《可再生能源法》等可再生能源立法与其他相关立法的关系，使法律之间形成合力。首先，可再生能源立法修订应综合调整。可再生能源发展涉及技术、市场政府、使用者等各主体和各领域，仅靠单个法律部门来调整不现实。因此，在立法和修订的方法上，应打破传统的一元化和单向调整现象，实行立法和修订的全面、综合调整。其次，理顺能源法体系中各项制度的关系。与相关制度的衔接配套，不能将立法配套和衔接的视角局限在可再生能源立法范围内，而应放眼整个能源法体现，来考虑各项法律之间的配套和衔接。同时，可再生能源立法还应拓展到环境、知识产权法、物权法、企业法、金融法、行政许可法、税法、建筑法、价格法等其他相关领域。最后，其他立法配合可再生能源立法。建议对其他能源立法、环境资源立法、经济立法等与可再生能源立法之间存在脱节甚至矛盾的地方进行修订完善，谋求法律法规制定的系统化，形成内在统一的立法和制度体系。

3. 完善可再生能源需求政策

当前，对可再生能源产业的支持政策主要侧重于供给端而忽视了需求端，存在缺乏市场化政策以及相关政策落实难等各种问题，建议要加强宏观政策引导，从上网电价、补贴、可再生能源配额制和全额保障性收购制度等方面着手完善可再生能源需求政策。

第一，完善上网电价政策。国内外可再生能源的发展都表明上网电价政策是最基本的、有效的电价支持政策，中国的可再生能源上网电价政策需要不断调整。一是明确上网电价下调的速度和频率，给市场以明确的预期；二是视可再生能源性质、规模等不同行差别化上网电价，如对小规模的光伏分布式发电系统减缓上网电价下调的速度；三是加强电价监督检查，重视可再生能源价格政策的实施效果，确保政策执行到位。

第二，完善补贴政策。根据中国可再生能源的实际情况完善价格补贴，在政策机制上，统筹相关税收和补贴，直接、间接提升可再生能源竞争力。补贴资金方面，积极探索成本分摊机制，平衡补贴需求与补贴来源。首先合理估计能够推动中长期可再生能源市场发展所需的资金规模，部分资金以开征碳税、环境税等方式筹集，也可引入国内外的赠款、绿色自愿计划等。其次在补贴对象上，取消生产环节补贴，转向补贴消费、储能、相关基础设施。对可再生能源设备制造企业，只补贴其技术研发，不鼓励其扩大产能。

第三，建立并完善可再生能源配额制。可再生能源电力消纳，不仅需要发电入网技术，还需要健全的电力市场机制。可再生能源配额制能够充分利用市场机制，建议尽快建立可交易的可再生能源配额制，配套出台相关方案。从中国实际情况来看，可再生能源配额制与固定上网电价很大可能是同时存在的，对于两者的机制设计应有所侧重，前者侧重产量而后者侧重价格，确保可再生能源电力的并网、消纳。根据非化石能源消费比重目标和可再生能源开发利用目标的要求，建立全国统一的可再生能源绿色证书交易机制，进一步完善新能源电力的补贴机制。通过设定燃煤发电机组及售电企业的非水电可再生能源配额指标，要求市场主体通过购买绿色证书完成可再生能源配额义务，通过绿色证书市场化交易补偿新能源发电的环境效益和社会效益，逐步将现行差价补贴模式转变为定额补贴与绿色证书收入相结合的新型机制，同时与碳交易市场相对接，降低可再生能源电力的财政资金补贴强度，为最终取消财政资金补贴创造条件。

第四，加快落实全额保障性收购制度。建议邀请可再生能源发电企业、可再生能源设备制造商等利益相关方参与，制定合理的并网技术标准，使电网企业无法再单方面以电网安全为借口拒绝并网，以确保全额收购。根据电力体制改革的总体部署，落实可再生能源全额保障性收购制度，按照《可再生能源发电全额保障性收购管理办法》要求，严格执行国家明确的风电、光伏发电的年度保障小时数。加大改革创新力度，推进适应可再生能源特点的电力市场体制机制改革示范，逐步建立新型电力运行机制和电价形成机制，积极探索多部制电价机制。建立煤电调频调峰补偿机制，建立辅助服务市场，激励市场各方提供辅助服务，建立灵活的电力市场机制，实现与常规能源系统的深度融合。

第五，贯彻落实国务院关于转变职能、简政放权的有关要求，确保权力与责任同步下放、调控与监管同步加强。强化规划、年度计划、部门规章规范性文件和国家标准的指导作用，充分发挥行业监管部门的监管和行业协会的自律作用，打造法规健全、监管闭合、运转高效的管理体制。完善行业信息监测体系，健全产业风险预警防控体系和应急预案机制，完善考核惩罚机制。开展水电流域梯级联合调度运行和综合监测工作，进一步完善新能源项目信息管理，建立覆盖全产业链的信息管理体系，实行重大质量问题和事故报告制度。定期开展可再生能源消纳、补贴资金征收和发放、项目建设进度和工程质量、项目并网接入等专项监管工作。

4. 推进电力体制改革

为消除或减少可再生能源电力上网、消纳的体制性障碍，除了逐步完善清洁能源消纳的机制、完善电网基础设施建设以提升电网输送清洁电力的能力、推动可再生能源就近高效利用、强化清洁能源消纳考核监督等，还要从以下几方面推进电力体制改革，发挥市场调节作用。首先，加快推进电力价格改革，电力价格改革包含很多方面，对可再生能源而言，最重要的是让电网运营环节与售电环节分离，电网只收取"过网费"，从而弱化电网企业因为可再生能源电力购入价格高而抵制其入网的动机。其次，加快售电侧市场改革。在电价改革的基础上，有序放开能源市场竞争业务，鼓励社会资本或外资依法平等进入售电侧，包括电网的建设、运营环节。允许民营企业建设和运营电网，既可以补充新建电网资金不足，又能依靠市场竞争降低并网成本，即借助电网公司之间的竞争让并网成本较低者胜出。最后，完善能源市场化交易机制。积极推进电力消费方式革新，统筹清洁电力跨省区交易，鼓励市场主体积极探索双边交易、集中竞价交易等多元化交易模式。对于可再生能源电力而言，需要注重备机或调峰市场的建设、完善，借助市场竞争降低为可再生能源电力备机或调峰的成本。此外，优化电源布局，有序安排清洁能源投产进度，控制电源开发节奏。

5. 完善可再生能源产业体系

逐步完善可再生能源产业体系建设，坚持将科技创新驱动作为促进可再生能源产业持续健康发展的基本动力，不断提高可再生能源利用效率，提升可再生能源使用品质，降低可再生能源项目建设和运行成本，增强可再生能源的技术经济综合竞争力。

第一，加强可再生能源资源勘查工作根据能源结构调整需要，对重要地区的可再生能源资源量进行调查评价，适时启动河流水能资源开发后评价工作。全面完成西藏水能资源调查，组织发布四川水力资源复查成果。加大中东部和南方复杂地形区域的低风速风能资源、海域风能资源评价。加大中东部地区分布式光伏、西部和北部地区光热等资源勘查。加强地热能、生物质能、海洋能等新型可再生能源资源勘查工作。及时公布各类可再生能源资源勘查结果，引导和优化项目投资布局。

第二，加快推动可再生能源技术创新推动可再生能源产业自主创新能力建设，促进技术进步，提高设备效率、性能与可靠性，提升国际竞争力。建设可再生能源综合技术研发平台，建立先进技术公共研发实验室，推动全产业链的原材料、产品制备技术、生产工艺及生产装备国产化水平提升，加快掌握关键技术的研发和设备制造能力。充分发挥企业的研发创新主体作用，加大资金投入，推动产业技术升级，加快推动风电、太阳能发电等可再生能源发电成本的快速下降。

第三，建立可再生能源质量监督管理体系开展可再生能源电站主体工程及相关设备质量综合评价，定期公开可再生能源电站开发建设和运行安全质量情况。加强可再生能源电站运行数据采集和监控，建立透明公开的覆盖设计、生产、运行全过程的质量监督管理和安全故障预警机制。建立可再生能源行业事故通报机制，及时发布重大事故通报和共性事故的反事故措施。建立政府监管和行业自律相结合的优胜劣汰市场机制，构建公平、公正、开放的招投标市场环境和可再生能源开发建设不良行为负面清单制度。

第四，提高可再生能源运行管理的技术水平积极推动可再生能源项目的自动化管理水平和技术改造，提高发电能力和对电网的适应性。逐步完善施工、检修、运维等环节的专业化服务，加强后服务市场建设，建立较为完善的产业服务和技术支持体系。大力推动风电、光伏等新能源并网消纳技术研究，重点推动电储能、柔性直流输电等高新技术的示范应用，推动能源结构调整，加强调峰能力建设，挖掘调峰潜力，提高电力系统灵活性。完善电网结构，优化调度运行，加强新能源外送通道的规划建设，提高外送通道利用率，逐步建立可再生能源大规模融入电力系统的新型电力运行机制，实现可再生能源与现有能源系统的深度融合。

第五，完善可再生能源标准检测认证体系加强可再生能源标准体系的协调发展，形成覆盖资源勘测、工程规划、项目设计、装备制造、检测认证、施工建设、接入电网、运行维护等各环节的可再生能源标准体系。鼓励有关科研院校和企业积极参与可再生能源相关标准的编制修订工作，推进标准体系与国际接轨。支持检测机构能力建设，加强设备检测和认证平台建设，合理布局可再生能源发电装备产品检测试验中心。提升认证机构业务水平，加快推动可再生能源产业信用体系建设，规范可再生能源发电装备市场秩序。推进认证结果国际互认，为我国可再生能源装备企业参与全球市场提供支持。

第六，提升可再生能源信息化管理水平建设产业公共服务平台，全面实行可再生能源行业信息化管理，建立和完善全国可再生能源发电项目信息管理平台，全面、系统、及时、准确监测和发布可再生能源发电项目建设和运行信息，为可再生能源行业管理和政策决策提供支撑。充分运用大数据、"互联网＋"等先进理念、技术和资源，建设项目全生命周期信息化管理体系，建设可再生能源发电实证系统、测试系统和数据中心，为产业提供全方位的数据和信息监测服务。

第七，全面建设新农村新能源产业。切实提升农村电力普遍服务水平，完善配电网建设及电力接入设施、农业生产配套供电设施，缩小城乡生活用电差距。加快转变农业发展方式，推进农业生产电气化。实施光伏

（热）扶贫工程，探索能源资源开发中的资产收益扶贫模式，助推脱贫致富。结合农村资源条件和用能习惯，大力发展太阳能、浅层地热能、生物质能等，推进用能形态转型，使农村成为新能源发展的"沃土"。

6. 加强可再生能源产业国际合作

结合经济全球化及国际能源转型趋势，充分发挥我国可再生能源产业比较优势，紧密结合"一带一路"倡议，推进可再生能源产业链全面国际化发展，提升我国可再生能源产业国际竞争水平，积极参与并推动全球能源转型。首先，加强对话，搭建国际合作交流服务平台。继续加强与重要国际组织及国家间的政策对话和技术合作，充分掌握国际可再生能源发展趋势。整合已有的多边和双边合作机制，建立可再生能源产业国际合作服务和能力建设平台，提供政策对接、规划引领、技术交流、融资互动、风险预警、品牌建设、经验分享等全方位信息和对接服务，有效支撑我国可再生能源产业的国际化发展。其次，合理布局，参与全球可再生能源市场。紧密结合"一带一路"沿线国家发展规划和建设需求，巩固和深耕传统市场，培养和开拓新兴市场，适时启动一批标志性合作项目，带动可再生能源领域的咨询、设计、承包、装备、运营等企业共同走出去，形成我国企业优势互补、协同国际化发展的良好局面。再次，参与国际标准体系建设。支持企业和相关机构积极参与国际标准的制修订工作，在领先领域主导制修订一批国际标准，提升我国可再生能源产业的技术水平。加大与主要可再生能源市场开展技术标准的交流合作与互认力度，积极运用国际多边互认机制，深度参与国际电工委员会可再生能源认证互认体系（IECRE）合格评定标准、规则的制定、实施和评估，提升我国在国际认证、认可、检测等领域的话语权。最后，发挥优势，推动全球能源转型发展。充分发挥我国各类援外合作机制的支持条件，共享我国在可再生能源应用领域的政策规划和技术开发经验，为参与全球能源转型的国家，特别是经济技术相对落后的发展中国家，提供能力建设、政策规划等帮助和支持。

当前，世界能源行业正处在由油气向可再生能源的转换时期。在世界能源背景下，在清洁低碳的趋势下，在政府的能源战略与政策配合下，中国的能源转型将稳步推进：以风电、光伏为首的可再生能源产业快速发展，天然气消费水平大幅提升，煤炭行业继续淘汰落后产能，最终实现结构性改革，逐步建成绿色、低碳、可持续的现代能源体系。

9.3 研究展望

本书主要利用 CGE 模型量化分析了可再生能源上网电价补贴和环境税政策的环境经济影响，并以国际油价波动作为市场因素的代表，分析油价波动对可再生能源发展的影响和验证可再生能源政策的作用，丰富了相关研究成果。然而，研究工作还存在着拓展和完善的空间，具体如下：

一是研究内容的拓展。可再生能源发电支持政策除了可再生能源上网电价补贴政策，还有可再生能源竞争性招标政策和可再生能源配额政策等。这些政策各有特点，可以在 CGE 模型框架下继续研究可再生能源竞争性招标政策和可再生能源配额政策的环境经济影响，进一步丰富研究结果。根据研究结果比较不同发电支持政策，为政府决策提供理论上的依据。

二是研究方法的深化。本书使用的 CGE 模型是动态单区域的，因而原始数据是全国投入产出表。可以继续基于全国区域间投入产出表，使用动态多区域 CGE 模型研究可再生能源发电政策问题。

三是研究细节的完善。本书在研究中假设补贴资金来源于政府税收，进一步研究在可以假设补贴资金来源于特定税收，比如来自环境税、消费税等，特定税收返还方式的不同可能会带来不一样的研究结果。

参考文献

[1] 陈素梅、何凌云. 环境、健康与经济增长：最优能源税收入分配研究 [J]. 经济研究，2017（04）：120-134.

[2] 代春艳. 中国可再生能源决策支持系统中的数据、方法与模型研究 [M]. 北京：经济管理出版社，2014：35-37.

[3] 高颖、李善同. 征收能源消费税对社会经济与能源环境的影响分析 [J]. 中国人口、资源与环境，2009（02）：30-35.

[4] 郭庆方、董昊鑫. 新能源破局——中国新能源产业发展逻辑 [M]. 北京：机械工业出版社，2015：52-53.

[5] 黄珺仪. 中国可再生能源电价规制政策研究. 东北财经大学，
2011：107-108.

[6] 李钢，董敏杰，沈可挺. 强化环境管制政策对中国经济的影响——基于 CGE 模型的评估 [J]. 中国工业经济，2012（11）：5-17.

[7] 李婧舒，刘朋. WTO 法律框架下的新能源补贴问题研究——以美国对华新能源产业"301 调查"为视角 [J]. 国际商务：对外经济贸易大学学报，2013：119-128.

[8] 梁伟，张慧颖，姜巍，等. 环境税"双重红利"假说的再检验 [J]. 财贸研究，2013（4）：109-120.

[9] 刘治，赵秋红. 政策对发电企业能源决策的影响及最优化模型 [J]. 系统工程理论与实践，2015：1717-1725.

[10] 马丽梅，史丹，裴庆冰. 中国能源低碳转型（2015-2050）：可再生能源发展与可行路径 [J]. 中国人口·资源与环境，2018（2）：8-18.

[11] 马士国，石磊. 征收硫税对中国宏观经济与产业部门的影响 [J]. 产业经济研究，2014（3）：51-60.

[12] 马喜立. 大气污染治理对经济影响的 CGE 模型分析 [D]. 对外经济贸易大学，2017：78-79.

[13] 潘浩然. 可计算一般均衡建模初级教程 [M]. 北京：中国人口出版社，2016：66-67.

[14] 任东明. 可再生能源配额制政策研究——系统框架与运行机制 [M]. 北京：中国经济出版社，2013：81-82.

［15］史丹.新能源定价机制、补贴与成本研究［M］.北京：经济管理出版社，2015：201-202.

［16］史丹.新能源产业发展与政策研究［M］.北京：中国社会科学出版社，2015：155-156.

［17］石敏俊、李娜、袁永娜、周晟吕.低碳发展的政策选择与区域响应［M］.北京：科学出版社，2012：221-222.

［18］王灿、陈吉宁、邹骥.基于TEDCGE模型的减排对中国经济的影响［J］.清华大学学报，2005（12）：1620-1626.

［19］王朝阳，陈宇峰，金曦.国际油价对中国新能源市场的传导效应研究简［J］.数量经济技术经济研究，2018（4）：131-146.

［20］王德发.能源税征收的劳动替代效应实证研究——基于上海市2002年大气污染的CGE模型的试算［J］.财经研究，2006（2）：98-105.

［21］王乾坤.美国联邦政策可再生能源补贴的特点及启示［J］.中国电力报，2011（12）.

［22］王少平，杨洋.中国经济增长的长期趋势与经济新常态的数量描述［J］.经济研究，2017（6）：46-59.

［23］魏巍贤，马喜立，李鹏，等.技术进步和税收在区域大气污染治理中的作用［J］.中国人口·资源与环境，2016（5）：1-11.

［24］魏巍贤，赵玉荣.可再生能源电价补贴的大气环境效益分析［J］.中国人口·资源与环境，2017（10）：209-216.

［25］翁章好，陈宏民.两类可再生能源促进政策的消费者负担比较——国际竞争利益的视角［J］.上海交通大学学报：哲学社会科学版，2008：57-64.

［26］吴力波、孙可哿、陈亚龙.不完全竞争电力市场中可再生能源支持政策比较［J］.中国人口·资源与环境，2015（10）：53-60.

［27］吴文建，任玉珑，史乐峰，等.基于电力供应链收益的可再生能源政策比较［J］.中国人口·资源与环境，2013：44-48.

［28］肖俊极，孙杰.消费税和燃油税的有效性比较分析［J］.经济学（季刊），2012（3）：1345-1364.

［29］萧晓.发展新能源产业的价格对策研究［J］.市场经济与价格，2010（11）.

［30］杨翔，刘纪显，吴兴弈.基于DSGE模型的碳减排目标和碳排放政策效应研究［J］.资源科学，2014（7）：1452-1461.

［31］杨岚等.基于CGE模型的能源税政策影响分析［J］.中国人口·资源与环境，2009（2）：24-29.

［32］叶金珍，安虎森.开征环保税能有效治理空气污染吗［J］.中国工业经济，2017（5）：54-74.

［33］余杨.中国风能，太阳能电价政策的补贴需求和税负效应［J］.财贸研究，2016：

106–116.

［34］张为付，潘颖. 能源税对国际贸易与环境污染影响的实证研究［J］. 南开经济研究，2007（3）：32–46.

［35］张晓娣，刘学悦. 征收碳税和发展可再生能源研究——基于 OLG–CGE 模型的增长及福利效应分析［J］. 中国工业经济，2015：18–30.

［36］周冯琦，刘新宇，陈宁. 中国新能源发展战略与新能源产业制度建设研究［M］. 上海：上海社会科学出版社，2016：251–252.

［37］国家发展和改革委员会. 可再生能源发展"十三五"规划［R］. 2016：1–26.

［38］国家发展和改革委员会，中国宏观经济研究院能源研究所，国家可再生能源中心. 中国可再生能源展望 2017［R］. 2017：1–33.

［39］国家发展和改革委员会. 能源生产和消费革命战略（2016–2030）［R］. 2016：1–25.

［40］国家发展和改革委员会. 清洁能源消纳行动计划（2018—2020）［R］. 2018:1–18.

［41］国家可再生能源中心. 中国可再生能源产业发展报告 2017［M］. 北京：中国经济出版社，2017：35–36.

［42］Abolhosseini S，Heshmati A. The Main Support Mechanisms to Finance Renewable Energy Development［J］. Renewable and Sustainable Energy Reviews，2014，40：876–885.

［43］Abrell J，Weigt H.The interaction of emissions trading and renewable energy promotion［J］. Social Science Electronic Publishing，2008，167（3）：24–30.

［44］Allan G J，et al.Concurrent and legacy economic and environmental impacts from establishing a marine energy sector in Scotland［J］.Energy Policy，2008，36（7）：2734–2753.

［45］Allan G J，et al.The economic impacts of marine energy developments：A case study from Scotland［J］.Marine Policy，2014，43:122–131.

［46］Allan G，Lecca P，McGregor P，Swales K.The Economic and Environmental Impact of a Carbon Tax for Scotland：A Computable General Equilibrium Analysis［J］. Ecological Economics，2014，100：40–50.

［47］Al–Maamary H M，Kazem H A，Chaichan M T.The impact of oil price fluctuations on common renewable energies in GCC countries［J］. Renewable and Sustainable Energy Reviews，2017，75：989–1007.

［48］Ameli N，Kammen D M.Innovations in financing that drive cost parity for long–term electricity sustainability：An assessment of Italy，Europe's fastest growing solar photovoltaic market［J］. Energy for Sustainable Development，2014，19：130–137.

［49］Andor M，Voss A. Optimal renewable–energy promotion：Capacity subsidies vs.

generation subsidiest [J]. Resource and Energy Economics, 2016, 45: 144–158.

[50] Apergis N, Payne J E. Renewable energy, output, CO2 emissions, and fossil fuel prices in Central America: Evidence from a nonlinear panel smooth transition vector error correction model [J]. Energy Economics, 2014, 42: 226–232.

[51] Apergis N, Payne J E. The causal dynamics between renewable energy, real GDP, emissions and oil prices: Evidence from OECD countries [J]. Applied Economics, 2014, 46 (36): 4519–4525.

[52] Apergis N, Payne J E. Renewable energy, output, carbon dioxide emissions, and oil prices: Evidence from South America [J]. Energy Sources, Part B: Economics, Planning, and Policy, 2015, 10 (3): 281–287.

[53] Aydın L, Acar M. Economic impact of oil price shocks on the Turkish economy in the coming decades: A dynamic CGE analysis [J].Energy Policy, 2011, 39 (3): 1722–1731.

[54] Beck M, Rivers N, Wigle R, Yonezawa H. Carbon Tax and Revenue Recycling: Impacts on Households in British Columbia [J]. Resource and Energy Economics, 2015, 41: 40–69.

[55] Behrens P, Rodrigues J FD, Brs T, Silva C. Environmental, economic, and social impacts of feed–in tariffs: A Portuguese perspective 2000—2010 [J].Applied Energy, 2016, 173: 309–319.

[56] Bento A M, Garg T, Kaffine D. Emissions reductions or green booms? General equilibrium effects of a renewable portfolio standard [J].Journal of Environmental Economics & Management, 2018, 90 (7): 78–100.

[57] Blazejczak J, Braun F G, Edler D, Schill W P. Economic effects of renewable energy expansion: A model–based analysis for Germany [J]. Renewable and sustainable energy reviews, 2014, 40: 1070–1080.

[58] Bohringer C, Keller A, van der Werf E. Are green hopes too rosy? Employment and welfare impacts of renewable energy promotion [J].Energy Economics, 2013, 36: 277–285.

[59] Bohringer C, Rivers Nicholas J, Rutherford Thomas F, Wigle Randall. Green jobs and renewable electricity policies: Employment impacts of Ontario's feed–in tariff [J]. B.E. Journal of Economic Analysis and Policy, 2012, 12: 88–110.

[60] Boomsma T K, Meade N, Fleten S E. Renewable energy investments under different support schemes: A real options approach [J]. European Journal of Operational Research, 2012, 220 (1): 225–237.

[61] Bougette P, Charlier C. Renewable energy, subsidies, and the WTO: Where has the

'green' gone [J]. Energy Economics, 2015, 51: 407–416.

[62] Bovenberg L, Heijdra B. Environmental tax policy and intergenerational distribution [J]. Journal of Public Economics, 2008, 67: 1–24.

[63] Brini R, Amara M, Jemmali H. Renewable energy consumption, International trade, oil price and economic growth inter–linkages: The case of Tunisia [J]. Renewable and Sustainable Energy Reviews, 2017, 76: 620–627.

[64] Büyüközkan G, Güleryüz S. An integrated DEMATEL–ANP approach for renewable energy resources selection in Turkey [J]. International Journal of Production Economics, 2016, 182: 435–448.

[65] Cai Y, Arora V. Disaggregating electricity generation technologies in CGE models: A revised technology bundle approach with an application to the US Clean Power Plan [J]. Applied energy, 2015, 154: 543–555.

[66] Cai W, Mu Y, Wang C, Chen J. Distributional employment impacts of renewable and new energy–A case study of China [J].Renewable and Sustainable Energy Reviews, 2014, 39: 1155–1163.

[67] Cai W, Wang C, Chen J, Wang S. Green economy and green jobs: Myth or reality? The case of China's power generation sector [J].Energy, 2011, 36: 5994–6003.

[68] Cansino J M, et al. The economic influence of photovoltaic technology on electricity generation: A CGE (computable general equilibrium) approach for the Andalusian case [J].Energy, 2014, 73: 70–79.

[69] Cansino J M, et al. Economic impacts of biofuels deployment in Andalusia [J]. Renewable and Sustainable Energy Reviews, 2013, 27: 274–282.

[70] Chang T H, Su H M. The substitutive effect of biofuels on fossil fuels in the lower and higher crude oil price periods [J]. Energy, 2010, 35 (7): 2807–2813.

[71] Chatri F, Yahoo M, Othman J. The economic effects of renewable energy expansion in the electricity sector: A CGE analysis for Malaysia [J].Renewable and Sustainable Energy Reviews, 2018, 95: 203–216.

[72] Cheng H, et al. A collaborative framework for U.S. state–level energy efficiency and renewable energy governance [J].The Electricity Journal, 2016, 29: 21–26.

[73] Chiroleu–Assouline M, Fodha M. Double dividend hypothesis, golden rule and welfare distribution [J].Journal of Environmental Economics & Management, 2006, 51 (3): 319–335.

[74] Chunark P, Limmeechokchai B, Fujimori S, Masui T. Renewable energy achievements in CO_2 mitigation in Thailand's NDCs [J]. Renewable Energy, 2017, 114: 1294–1305.

[75] Ciarreta A, Espinosa M P, Pizarro–Irizar C. Switching from Feed–in Tariffs to a Tradable

Green Certificate Market［J］.The Interrelationship Between Financial and Energy Markets, 2014, 54: 261–280.

［76］Ciarreta A, Espinosa M P, Pizarro–Irizar C.Optimal regulation of renewable energy: A comparison of Feed–in Tariffs and Tradable Green Certificates in the Spanish electricity system［J］. Energy Economics, 2017, 67: 387–399.

［77］Ciaschini M. Regional double dividend from environmental tax reform［D］. DISSE working paper, 2012: 10–16.

［78］CNREC. China renewable energy outlook［R］. 2017: 1–16.

［79］Couture T D, Jacobs D, Rickerson W, Healey V. Next Generation of Renewable Electricity Policy: How Rapid Change is Breaking Down Conventional Policy Categories ［R］. 2015: 1–31.

［80］Dai H, et al. Assessment of China's climate commitment and non–fossil energy plan towards 2020 using hybrid AIM/CGE model［J］. Energy Policy, 2011, 39（5）: 2875–2887.

［81］Dai H, et al. Aligning renewable energy targets with carbon emissions trading to achieve China's INDCs: A general equilibrium assessment［J］.Renewable and Sustainable Energy Reviews, 2017, 82: 4121–4131.

［82］Dai H, Fujimori S, Herran D S, Shiraki H, Masui T, Matsuoka Y. The impacts on climate mitigation costs of considering curtailment and storage of variable renewable energy in a general equilibrium model［J］. Energy Economics, 2017, 64: 627–637.

［83］Dai H, Xie X, Xie Y, Liu J, Masui T. Green growth: The economic impacts of large–scale renewable energy development in China［J］. Applied Energy, 2016, 162: 435–449.

［84］Davies L L. Incentivizing renewable energy deployment: Renewable portfolio standards and feed–in tariffs［J］.Social Science Electronic Publishing, 2012, 32（2）: 86–101.

［85］del Río, Pablo, Mir–Artigues P. Combinations of support instruments for renewable electricity in europe: a review［J］.Renewable and Sustainable Energy Reviews, 2014, 40: 287–295.

［86］Dóci G, Gotchev B. When energy policy meets community: Rethinking risk perceptions of renewable energy in Germany and the Netherlands［J］. Energy Research and Social Science, 2016, 22: 26–35.

［87］Doherty R, O'Malley M. The efficiency of Ireland's Renewable Energy Feed–In Tariff （REFIT）for wind generation［J］. Energy Policy, 2011, 39（9）: 4911–4919.

［88］Dong B, et al. On the impacts of carbon tax and technological progress on China［J］. Applied Economics, 2018, 50（4）: 389–406.

[89] Dong C G. Feed-in tariff vs. renewable portfolio standard: An empirical test of their relative effectiveness in promoting wind capacity development [J]. Energy Policy, 2012, 42: 476-485.

[90] Dong Y, Shimada K. Evolution from the renewable portfolio standards to feed-in tariff for the deployment of renewable energy in Japan [J]. Renewable Energy, 2017, 107: 590-596.

[91] Eder L V, Provornaya I V, Filimonova I V, Kozhevin V D, Komarova A V. World energy market in the conditions of low oil prices, the role of renewable energy sources [J]. Energy Procedia, 2018, 153: 112-117.

[92] Eurostat. Energy taxes in the nordic countries: does the polluter pay [Z/OL]. [2019-02-16].http: //www.scb.se/ statistik/MI/MI1202/2004A01/MI2102_2004A01_BR_MIFT0404.pdf.

[93] Fagiani R, Jörn C, Richstein, Hakvoort R, Vries L D. The dynamic impact of carbon reduction and renewable support policies on the electricity sector [J]. Utilities Policy, 2014, 28 (3): 28-41.

[94] Fei J C H. A Fundamental Theorem for the Aggregation Problem of Input - Output Analysis [J]. Econometrica, 1956, 24: 400-412.

[95] Ferrer R, Shahzad S J H, López R, Jareño F. Time and frequency dynamics of connectedness between renewable energy stocks and crude oil prices [J]. Energy Economics, 2018, 76: 1-20.

[96] Fischer C, Preonas L. Combining Policies for Renewable Energy: Is the Whole Less Than the Sum of Its Parts? [J]. International Review of Environmental and Resource Economics, 2010, 4: 51-92.

[97] Fischer C, Newell R G. Environmental and technology policies for climate mitigation [J]. Journal of Environmental Economics and Management, 2008, 55: 142-162.

[98] Frondel M, Ritter N, Schmidt C M, Vance C. Economic impacts from the promotion of renewable energy technologies: The German experience [J].Energy Policy, 2010, 38: 4048-4056.

[99] Gabriel C A, Kirkwood J, Walton S, Rose E L. How do developing country constraints affect renewable energy entrepreneurs? [J]. Energy for Sustainable Development, 2016, 35: 52-66.

[100] Gan P Y, Li Z. An econometric study on long-term energy outlook and the implications of renewable energy utilization in Malaysia [J]. Energy Policy, 2008, 36 (2): 890-899.

[101] Garcia A, Alzate J M, Barrera J. Regulatory design and incentives for renewable energy

〔J〕. Journal of Regulatory Economics, 2012, 41（3）: 315-336.

〔102〕García-Álvarez M T, Cabeza-García L, Soares I. Analysis of the promotion of onshore wind energy in the EU: Feed-in tariff or renewable portfolio standard? 〔J〕. Renewable Energy, 2017, 111: 256-264.

〔103〕Garrett-Peltier H. Green versus brown: Comparing the employment impacts of energy efficiency, renewable energy, and fossil fuels using an input-output model 〔J〕. Economic Modelling, 2016, 61（2）: 439-447.

〔104〕Guenther-Lübbers W, Bergmann H, Theuvsen L. Potential analysis of the biogas production - as measured by effects of added value and employment 〔J〕. Journal of cleaner production, 2016, 129: 556-564.

〔105〕Guo Z, Zhang X, Zheng Y, Rao R. Exploring the Impacts of a Carbon Tax on the Chinese Economy Using a CGE Model with a Detailed Disaggregation of Energy Sectors 〔J〕. Energy Economics, 2014, 45: 455-462.

〔106〕He J. Estimating the Economic Cost of China's New Desulfur Policy During Her Gradual Accession to Wto: The Case of Industrial SO_2 Emission 〔J〕. China Economic Review, 2005, 16: 364-402.

〔107〕He Y, Liu Y, Du M, Zhang J, Pang Y. Comprehensive optisimation of China's energy prices, taxes and subsidy policies based on the dynamic computable general equilibrium model 〔J〕. Energy Conversion and Management, 2015, 98: 518-532.

〔108〕Held A, Ragwitz M, Haas R. On the success of policy strategies for the promotion of electricity from renewable energy sources in the EU 〔J〕. Energy & Environment, 2006, 17: 849-868.

〔109〕Ragwitz M, Huber C. Feed-in systems in Germany, Spain and Slovenia: A comparasion 〔R〕. 2007: 1-27.

〔110〕Henseler M, Maisonnave H. Low world oil prices: A chance to reform fuel subsidies and promote public transport? A case study for South Africa 〔J〕. Transportation Research Part A: Policy and Practice, 2018, 108: 45-62.

〔111〕Horridge M. ORANI-G: A Generic Single-Country Computable General Equilibrium Model 〔Z/OL〕.〔2019-02-16〕.http: //www. copsmodels.com/ftp/gpextra/oranig06doc. pdf.

〔112〕Huh S Y, Lee J, Shin J. The economic value of South Korea's renewable energy policies（RPS, RFS, and RHO）: A contingent valuation study 〔J〕. Renewable and Sustainable Energy Reviews, 2015, 50: 64-72.

〔113〕Hui J, et al. Clean generation technologies in Chinese power sector: Penetration thresholds and supporting policies 〔J〕. Energy Procedia, 2015, 75: 2807-2812.

[114] Hwang W S, Lee J D. A CGE analysis for quantitative evaluation of electricity market changes [J]. Energy Policy, 2015, 83: 69–81.

[115] IEA.World energy outlook 2015 [R]. International Energy Agency, 2015.

[116] Jenner S, Groba F, Indvik J. Assessing the strength and effectiveness of renewable electricity feed–in tariffs in European Union countries [J]. Energy Policy, 2013, 52: 385–401.

[117] Jennifer F, et al. Combining a Renewable Portfolio Standard with a Cap–and–Trade Policy: A General Equilibrium Analysis [J].Massachusetts Institute of Technology, 2010, 187: 1–76.

[118] Johansen L . A Multi–Sectoral Study of Economic Growth [M]. Amsterdam: North–Holland Pub. Co.,1960: 284–299.

[119] John A, et al. Short–lived agents and the long–lived environment [J]. Journal of Public Economics, 2005, 58: 127–141.

[120] Kalkuhl M, Edenhofer O, Lessmann K. Renewable energy subsidies: Second–best policy or fatal aberration for mitigation? [J].Resource and Energy Economics, 2013, 35: 217–234.

[121] Keyuraphan S, Thanarak P, Ketjoy N, Rakwichian W. Subsidy schemes of renewable energy policy for electricity generation in Thailand [J]. Procedia Engineering, 2012, 32: 440–448.

[122] Kilinc–Ata N. The evaluation of renewable energy policies across EU countries and US states: An econometric approach [J]. Energy for Sustainable Development, 2016, 31: 83–90.

[123] Kelin A. Feed–in Tariff Designs: Option to support electricity generation from renewable energy sources [M]. Saarbrucken, Germany: VDM Verlage De. Muller Aktiengesellschaft & Co. KG, 2008: 5–8.

[124] Knopf B, et al. Managing the low–carbon transition: From model results to policies [J]. The Energy Journal, 2010, 31: 169–194.

[125] Koo B. Examining the impacts of Feed–in–Tariff and the Clean Development Mechanism on Korea's renewable energy projects through comparative investment analysis [J]. Energy Policy, 2017, 104: 144–154.

[126] Kumar S, Managi S, Matsuda A. Stock prices of clean energy firms, oil and carbon markets: A vector autoregressive analysis [J]. Energy Economics, 2012, 34 (1): 215–226.

[127] Kumbaroğlu G, Madlener R, Demirel M. A real options evaluation model for the diffusion prospects of new renewable power generation technologies [J]. Energy

Economics, 2008, 30（4）: 1882–1908.

［128］Kwon T H. Rent and rent–seeking in renewable energy support policies: Feed–in tariff vs. renewable portfolio standard ［J］. Renewable & Sustainable Energy Reviews, 2015, 44: 676–681.

［129］Kwon, Tae–hyeon. Is the renewable portfolio standard an effective energy policy: Early evidence from South Korea ［J］. Utilities Policy, 2015, 36: 46–51.

［130］Lambert R J, Silva P P. The challenges of determining the employment effects of renewable energy ［J］. Renewable and Sustainable Energy Reviews, 2012, 16（7）: 4667–4674.

［131］Lauber V. Refit and rps: Options for a harmonised community framework ［J］. Energy Policy, 2004, 32（12）: 1405–1414.

［132］Lee C Y, Huh S Y. Forecasting the diffusion of renewable electricity considering the impact of policy and oil prices: The case of South Korea ［J］. Applied Energy, 2017, 197: 29–39.

［133］Lee S C, Shih L H. Renewable energy policy evaluation using real option model—The case of Taiwan ［J］. Energy Economics, 2010, 32: 67–78.

［134］Lehr U, Nitsch J, Kratzat M, Lutz C, Edler D. Renewable energy and employment in Germany ［J］. Energy Policy, 2008, 36: 108–117.

［135］Li J F, Ma Z Y, Zhang Y X, Wen Z C. Analysis on energy demand and CO_2 emissions in China following the energy production and consumption revolution strategy and China dream target ［J］. Advances in Climate Change Research, 2008, 1: 16–26.

［136］Li W, Jia Z, Zhang H. The impact of electric vehicles and CCS in the context of emission trading scheme in China: A CGE–based analysis ［J］. Energy, 2017, 119: 800–816.

［137］Liang Q M, Wang T, Xue M M. Addressing the competitiveness effects of taxing carbon in China: Domestic tax cuts versus border tax adjustments ［J］.Journal of Cleaner Production, 2015, 112: 1568–1581.

［138］Lin J H, Wu Y K, Lin H J. Successful Experience of Renewable Energy Development in Several Offshore Islands ［J］. Energy Procedia, 2016, 100: 8–13.

［139］Lindner S, Legault J, Guan D. Disaggregating the electricity sector of China's input – output table for improved environmental life–cycle assessment ［J］. Economic Systems Research, 2013, 25（3）: 300–320.

［140］Lipp J. Lessons for effective renewable electricity policy from denmark, germany and the United Kingdom ［J］. Energy Policy, 2007, 35（11）: 5481–5495.

［141］Liu J Y, Lin S M, Xia Y, Fan Y, Wu J. A financial CGE model analysis: Oil price shocks and monetary policy responses in China [J]. Economic Modelling, 2015, 51: 534–543.

[142] Liu X, Wang C, Niu D, Suk S, Bao C. An analysis of company choice preference to carbon tax policy in China [J]. Journal of Cleaner Production, 2015, 103: 393–400.

[143] Liu Y, Lu Y. The economic impact of different carbon tax revenue recycling schemes in China: A model–based scenario analysis [J]. Applied Energy, 2015, 141: 96–105.

[144] Liu Z, et al. The Economics of Wind Power in China and Policy Implications [J]. Energies, 2015, 8: 1529–1546.

[145] Liu Z, et al. Government incentive strategies and private capital participation in China's Shale gas development [J]. Applied Economics, 2018, 50 (1): 51–64.

[146] Lu C, Tong Q, Liu X. The impacts of carbon tax and complementary policies on Chinese economy [J]. Energy Policy, 2010, 38: 7278–7285.

[147] Ma X, Wang H, Wei W. The role of emissions trading mechanisms and technological progress in achieving China's regional clean air target: A CGE analysis [J]. Applied Economics, 2019, 51 (2): 155–169.

[148] Maisonnave H, Pycroft J, Saveyn B, Ciscar J C. Does climate policy make the EU economy more resilient to oil price rises? A CGE analysis [J]. Energy policy, 2012, 47: 172–179.

[149] Marques A C, Fuinhas J A, Manso J P. Motivations driving renewable energy in European countries: A panel data approach [J]. Energy policy, 2010, 38 (11): 6877–6885.

[150] Martínez–Ceseña E A, Mutale J. Application of an advanced real options approach for renewable energy generation projects planning [J]. Renewable and Sustainable Energy Reviews, 2011, 15 (4): 2087–2094.

[151] Menanteau P, Finon D, Lamy M L.Prices versus quantities: Choosing policies for promoting the development of renewable energy [J]. Energy Policy, 2003, 31 (8): 799–812.

[152] Mittal S, Dai H, Fujimori S, Masui T. Bridging greenhouse gas emissions and renewable energy deployment target: Comparative assessment of China and India [J].Applied Energy, 2016, 166: 301–313.

[153] Morris J, et al. Combining a renewable portfolio standard with a cap–and–trade policy: A general equilibrium analysis [Z]. MIT Joint Program on the Science and Policy of Global Change, 2010: 84–87.

[154] Moore J, Borgert K, Apt J. Could low carbon capacity standards be more cost effective at reducing CO_2, than renewable portfolio standards [J]. Energy Procedia, 2014, 63

（1）: 7459-7470.

[155] Mu Y, Cai W, Evans S, Wang C, Roland-Holst D. Employment impacts of renewable energy policies in China: A decomposition analysis based on a CGE modeling framework [J].Applied Energy, 2018, 210: 256-267.

[156] Mu Y, Wang C, Cai W. The economic impact of China's INDC: Distinguishing the roles of the renewable energy quota and the carbon market [J]. Renewable and Sustainable Energy Reviews, 2017, 81: 2955-2966.

[157] Neij L. Cost development of future technologies for power generation—A study based on experience curves and complementary bottom-up assessments [J]. Energy policy, 2008, 36（6）: 2200-2211.

[158] Nicolini M, Tavoni M. Are renewable energy subsidies effective? Evidence from Europe [J]. Renewable and Sustainable Energy Reviews, 2017, 74: 412-423.

[159] Nie P, Yang Y. Effects of energy price fluctuations on industries with energy inputs: An application to China [J]. Applied Energy, 2016, 166: 329-334.

[160] Omri A. Modeling the causal linkages between nuclear energy, renewable energy and economic growth [J]. Renewable and Sustainable Energy Reviews, 2015, 42: 1012-1022.

[161] Orlov A.A carbon taxation and market structure: A CGE analysis [J]. Energy policy, 2012, 51（4）: 696-707.

[162] Ouyang X, Lin B. Impacts of increasing renewable energy subsidies and phasing out fossil fuel subsidies in China [J]. Renewable and Sustainable Energy Reviews, 2014, 37: 933-942.

[163] Park S Y, Yun B Y, Yun C Y, Lee D H, Choi D G. An analysis of the optimum renewable energy portfolio using the bottom-up model: Focusing on the electricity generation sector in South Korea [J]. Renewable and Sustainable Energy Reviews, 2016, 53: 319-329.

[164] Parry I W H. Pollution taxes and revenue recycling [J]. Journal of Environmental Economics & Management, 1995, 29（3）: 64-80.

[165] Payne J E. The causal dynamics between US renewable energy consumption, output, emissions, and oil prices [J]. Energy Sources, Part B: Economics, Planning, and Policy, 2012, 7（4）: 323-330.

[166] Pearce, David.The role of carbon taxes in adjusting to global warming [J]. The Economic Journal, 1991, 101（407）: 938.

[167] Pigou AC. The Economics of Welfare [M]. 4ème. London: MacMillan & Co Ldt, 1920: 248-262.

[168] Polzin F, Migendt M, Taube F A , et al. Public policy influence on renewable energy investments—A panel data study across OECD countries [J]. Energy Policy, 2015, 80: 98–111.

[169] Proenca S, Aubyn M S.Hybrid modeling to support energy–climate policy: Effects of feed-in tariffs to promote renewable energy in Portugal [J]. Energy Economics, 2013, 38: 176–185.

[170] Qi T, Zhang X, Karplus VJ. The energy and CO_2 emissions impact of renewable energy development in China [J]. Energy Policy, 2014, 68: 60–69.

[171] Reboredo J C. Is there dependence and systemic risk between oil and renewable energy stock prices? [J]. Energy Economics, 2015, 48: 32–45.

[172] Reboredo J C, Rivera-Castro M A, Ugolini A. Wavelet-based test of co-movement and causality between oil and renewable energy stock prices [J]. Energy Economics, 2017, 61: 241–252.

[173] REN21. Renewables 2016 global status report. Paris [R]. REN21 Secretariat, 2016: 4–28.

[174] Ritzenhofen I, Birge J R, Spinler S. The structural impact of renewable portfolio standards and feed-in tariffs on electricity markets [J]. European Journal of Operational Research, 2016, 255 (1): 224–242.

[175] Rivers N. Renewable energy and unemployment: A general equilibrium analysis [J]. Resource and Energy Economics, 2013, 35 (4): 467–485.

[176] Rose A. Input–output economics and computable general equilibrium models [J]. Structural Change & Economic Dynamics, 1995, 6: 295–304.

[177] Ruamsuke K, et al. Energy and economic impacts of the global climate change policy on Southeast Asian countries: A general equilibrium analysis [J]. Energy, 2015, 81: 446–461.

[178] Sadorsky P. Renewable energy consumption, CO_2 emissions and oil prices in the G7 countries [J]. Energy Economics, 2009, 31 (3): 456–462.

[179] Sadorsky P. Correlations and volatility spillovers between oil prices and the stock prices of clean energy and technology companies [J]. Energy Economics, 2012, 34 (1): 248–255.

[180] Santos L, Soares I, Mendes C, Ferreira P. Real options versus traditional methods to assess renewable energy projects [J]. Renewable Energy, 2014, 68: 588–594.

[181] Schmalensee R. Evaluating policies to increase electricity generation from renewable energy [J]. Review of Environmental Economics and Policy, 2011, 6 (1): 45–64.

[182] Schneider K. Involuntary unemployment and environmental policy: The double dividend

hypothesis [J]. Scandinavian Journal of Economics, 1997, 99 (1): 45–59.

[183] Schwartz J, Repetto R. Nonseparable utility and the double dividend debate: Reconsidering the tax–interaction effect [J]. Environmental & Resource Economics, 2000, 15 (2): 149–157.

[184] Shah I H, Hiles C, Morley B. How do oil prices, macroeconomic factors and policies affect the market for renewable energy? [J]. Applied Energy, 2018, 216: 87–97.

[185] Shrimali G, Jenner S. The impact of state policy on deployment and cost of solar photovoltaic technology in the U.S.: A sector–specific empirical analysis [J]. Renewable Energy, 2013, 60: 679–690.

[186] Siddiqui A S, Marnay C, Wiser R H. Real options valuation of US federal renewable energy research, development, demonstration, and deployment [J]. Energy Policy, 2007, 35 (1): 265–279.

[187] Smith M G, Urpelainen J. The Effect of Feed–in Tariffs on Renewable Electricity Generation: An Instrumental Variables Approach [J]. Environmental and resource economics, 2014, 57 (3): 367–392.

[188] Sovacool B K. A comparative analysis of renewable electricity support mechanisms for Southeast Asia [J]. Energy, 2010, 35 (4): 1779–1793.

[189] Srinivasan S. Subsidy policy and the enlargement of choice [J]. Renewable and Sustainable Energy Reviews, 2009, 13: 2728–2733.

[190] Su B, Huang HC, Ang B W, Zhou P. Input–Output Analysis of CO2 Emissions Embodied in Trade: The Effects of Sector Aggregation [J]. Energy Economics, 2010, 32: 166–175.

[191] Peng, Sun, Pu–yan, Nie. A comparative study of feed–in tariff and renewable portfolio standard policy in renewable energy industry [J]. Renewable Energy, 2015, 74: 255–262.

[192] Surana K, Anadon L. Public policy and financial resource mobilization for wind energy in developing countries: A comparison of approaches and outcomes in China and India [J]. Global Environmental Change, 2015, 35: 340–359.

[193] Tabatabaei SM, Hadian E, Marzban H, Zibaei M. Economic, welfare and environmental impact of feed–in tariff policy: A case study in Iran [J]. Energy Policy, 2017, 102: 164–169.

[194] Thurber M C, Davis T L, Wolak F A. Simulating the interaction of a renewable portfolio standard with electricity and carbon markets [J]. Electricity Journal, 2015, 28 (4): 51–65.

[195] Timilsina G R. Oil prices and the global economy: A general equilibrium analysis [J].

Energy Economics, 2015, 49: 669–675.

[196] Tourkolias C, Mirasgedis S. Quantification and monetization of employment benefits associated with renewable energy technologies in Greece [J]. Renewable and Sustainable Energy Reviews, 2011, 15 (6): 2876–2886.

[197] Troster V, Shahbaz M, Uddinn G S. Renewable energy, oil prices, and economic activity: A Granger-causality in quantiles analysis [J]. Energy Economics, 2018, 70: 440–452.

[198] Tu Q, Mo J L, Tu Q, Mo J L, Tu Q, Mo J L. Coordinating carbon pricing policy and renewable energy policy with a case study in China [J]. Computers & Industrial Engineering, 2017, 113: 294–304.

[199] Urban F, Geall S, Wang Y. Solar PV and solar water heaters in China: Different pathways to low carbon energy [J]. Renewable and Sustainable Energy Reviews, 2016, 64: 531–542.

[200] Vennemo H, et al. Macroeconomic impacts of carbon capture and Storage in China [J]. Environmental and Resource Economics, 2014, 59 (3): 455–477.

[201] Wang H, Zheng S, Zhang Y, Zhang K. Analysis of the policy effects of downstream Feed-In Tariff on China's solar photovoltaic industry [J]. Energy Policy, 2016, 95: 479–488.

[202] Wang K M, Cheng Y J. The evolution of feed-in tariff policy in Taiwan [J]. Energy Strategy Reviews, 2012, 1 (2): 130–133.

[203] Weber C L. Measuring Structural Change and Energy Use: Decomposition of the US Economy from 1997 to 2002 [J]. Energy Policy, 2009, 37: 1561–1570.

[204] Wei M, Patadia S, Kammen D M. Putting renewables and energy efficiency to work: How many jobs can the clean energy industry generate in the US? [J]. Energy policy, 2010, 38 (2): 919–931.

[205] Wei W, Li P, Wang H, Song, M. Quantifying the effects of air pollution control policies: A case of Shanxi province in China [J]. Atmospheric Pollution Research, 2018, 9 (3): 429–438.

[206] Wei W, Zhao Y, Wang J, Song M. The environmental benefits and economic impacts of Fit-in-Tariff in China [J]. Renewable Energy, 2019, 133 (4): 401–410.

[207] Wiesmann D, Azevedo I L, Ferrão P, Fernández J E. Residential electricity consumption in Portugal: Findings from top-down and bottom-up models [J]. Energy Policy, 2011, 39 (5): 2772–2779.

[208] Wing I S. The synthesis of bottom-up and top-down approaches to climate policy modeling: Electric power technologies and the cost of limiting US CO2 emissions [J].

Energy Policy, 2006, 34 (18): 3847-3869.

[209] Wing I S. The synthesis of bottom-up and top-down approaches to climate policy modeling: Electric power technology detail in a social accounting framework [J]. Energy economics, 2008, 30 (2): 547-573.

[210] Wiser R, Barbose G, Holt E. Supporting solar power in renewables portfolio standards: Experience from the United states [J].Energy Policy, 2011, 39 (7): 3894-3905.

[211] Wolsky A. Disaggregating Input-Output Models [J]. The Review of Economics and Statistics, 1984, 66: 283-291.

[212] Wu J, Albrecht J, Fan Y, Xia Y. The design of renewable support schemes and CO2 emissions in China [J]. Energy Policy, 2016, 99: 4-11.

[213] Xie Y, et al. Impacts of SO2 taxations and renewable energy development on CO2, NOx and SO2 emissions in Jing-Jin-Ji region [J]. Journal of Cleaner Production, 2018, 171: 1386-1395.

[214] Xiong Y, Yang X. Government subsidies for the Chinese photovoltaic industry [J]. Energy Policy, 2016, 99: 111-119.

[215] Xu Y, Masui T. Local Air Pollutant Emission Reduction and Ancillary Carbon Benefits of SO2 Control Policies: Application of AIM/CGE Model to China [J]. European Journal of Operational Research, 2009, 198: 315-325.

[216] Yan Q Y, Zhang Q, Yang L, Wang X. Overall review of feed-in tariff and renewable portfolio standard policy: A perspective of China [J].Iop Conference, 2016, 40: 12-76.

[217] Ydersbond I, Korsnes M. What drives investment in wind energy? A comparative study of China and the European Union [J]. Energy Research & Social Science, 2016, 12: 50-61.

[218] Yoon J H, Sim K H. Why is South Korea's renewable energy policy failing? A qualitative evaluation [J]. Energy Policy, 2015, 86: 369-379.

[219] Yuan X, Zuo J. Pricing and affordability of renewable energy in China —A case study of Shandong province [J]. Renewable Energy, 2011, 36 (3): 1111-1117.

[220] Zhang M, Zhou D, Zhou P. A real option model for renewable energy policy evaluation with application to solar PV power generation in China [J]. Renewable and Sustainable Energy Reviews, 2014, 40: 944-955.

[221] Zhang Q, Wang G, Li Y, Li H, McLellan B, Chen S. Substitution effect of renewable portfolio standards and renewable energy certificate trading for feed-in tariff [J]. Applied Energy, 2018, 227: 426-435.

[222] Zhang Y Z, Zhao X G, Ren L Z, Liang J, Liu P K. The development of China's

biomass power industry under feed-in tariff and renewable portfolio standard: A system dynamics analysis [J]. Energy, 2017, 139: 947-961.

[223] Zhao X, et al. The policy effects of feed-in tariff and renewable portfolio standard: A case study of China's waste incineration power industry [J]. Waste Management, 2017, 68: 711-723.

[224] Zhao Y, Li H, Xiao Y, Liu Y, CaoY, Zhang Z. Scenario analysis of the carbon pricing policy in China's power sector through 2050: Based on an improved CGE model [J]. Ecological Indicators, 2018, 85, 352-366.

附录：GEMPACK 程序代码

! Excerpt 1 of TABLO input file: !
! Files and sets !
File BASEDATA *# Input data file #*;
(new) SUMMARY *# Output for summary and checking data #*;
Set   *!Index!*
COM *# Commodities#* **read elements from file** BASEDATA **header** *"COM"*;   *! c !*
SRC *# Source of commodities #* (dom,imp);   *! s !*
IND *# Industries #* **read elements from file** BASEDATA **header** *"IND"*;   *! i !*
ENE *# Energy commodities #* **read elements from file** BASEDATA **header** *"ENE"*; *! e !*
Subset ENE **is subset of** COM;
set NEN *# Non-Energy commodities #* = COM - ENE ; *! n !*
FOS *# fossil energy #* **read elements from file** BASEDATA **header** *"FOS"*; *! f !*
Subset FOS **is subset of** ENE;
set COO (coal,oil);*!p!*
Subset COO **is subset of** FOS;
set ELE *# electric generation#*
(coalfired,gasfired,oilfired,hydro,nuclear,wind,pv); *! l !*
Subset ELE **is subset of** ENE;
set REN *# renewable energy #* (hydro,nuclear,wind,pv); *! b !*
set OUT *# renewable energy without hydro#* (nuclear,wind,pv); *! z !*
Subset REN **is subset of** ENE;
Subset out **is subset of** ENE;
set NRE *# non renewable energy #* =ENE-REN-(*"gas"*);
Subset coo **is subset of** nre;
set cba *# non renewable energy without fossil energy#* =NRE-coo; *! h !*
!set OTH # other # = COM - fos ;!
set ABC *# other #* = COM - REN-(*"gas"*) ;
Set DEST *# Sale Categories #*
(Interm, Invest, HouseH, Export, GovGE, Stocks);
Coefficient TINY *# Small number to prevent zerodivides or singular matrix #*;
formula
        TINY   = 0.000000000001; *!NB TINY+NUM=NUM, if NUM significant!*
! Excerpt 2 of TABLO input file: !
! Data coefficients and variables relating to basic commodity flows !
Coefficient *! Basic flows of commodities (excluding margin demands)!*
!(all,c,COM)(all,s,SRC)(all,i,IND) V1BAS(c,s,i) # Intermediate basic flows #;!
(**all**,n,NEN)(**all**,s,SRC)(**all**,i,IND) V1BAS(n,s,i);
(**all**,e,ENE)(**all**,s,SRC)(**all**,i,IND) V7BAS(e,s,i);
(**all**,c,COM)(**all**,s,SRC)(**all**,i,IND) V2BAS(c,s,i) *# Investment basic flows #*;
(**all**,c,COM)(**all**,s,SRC)   V3BAS(c,s) *# Household basic flows #*;
(**all**,c,COM)   V4BAS(c)   *# Export basic flows #*;
(**all**,c,COM)(**all**,s,SRC)   V5BAS(c,s) *# Government basic flows #*;
(**all**,c,COM)(**all**,s,SRC)   V6BAS(c,s) *# Inventories basic flows #*;
Read
V1BAS **from file** BASEDATA **header** *"1BAS"*;
V7BAS **from file** BASEDATA **header** *"7BAS"*;
V2BAS **from file** BASEDATA **header** *"2BAS"*;
V3BAS **from file** BASEDATA **header** *"3BAS"*;
V4BAS **from file** BASEDATA **header** *"4BAS"*;
V5BAS **from file** BASEDATA **header** *"5BAS"*;
V6BAS **from file** BASEDATA **header** *"6BAS"*;
Variable *! Variables used to update above flows !*
!(all,c,COM)(all,s,SRC)(all,i,IND) x1(c,s,i) # Intermediate basic demands #;!
(**all**,n,NEN)(**all**,s,SRC)(**all**,i,IND) x1(n,s,i) ;
(**all**,e,ENE)(**all**,s,SRC)(**all**,i,IND) x7(e,s,i) ;

```
(all,c,COM)(all,s,SRC)(all,i,IND)  x2(c,s,i)  # Investment basic demands #;
(all,c,COM)(all,s,SRC)            x3(c,s)   # Household basic demands #;
(all,c,COM)                       x4(c)     # Export basic demands #;
(all,c,COM)(all,s,SRC)            x5(c,s)   # Government basic demands #;
(change) (all,c,COM)(all,s,SRC)   delx6(c,s) # Inventories demands #;
(all,c,COM)(all,s,SRC)            p0(c,s)   # Basic prices for local users #;
(all,c,COM)                       pe(c)     # Basic price of exportables #;
(change)(all,c,COM)(all,s,SRC)    delV6(c,s)  # Value of inventories #;
Update
!(all,c,COM)(all,s,SRC)(all,i,IND)  V1BAS(c,s,i)  = p0(c,s)*x1(c,s,i);!
(all,n,NEN)(all,s,SRC)(all,i,IND) V1BAS(n,s,i) = p0(n,s)*x1(n,s,i);
(all,e,ENE)(all,s,SRC)(all,i,IND) V7BAS(e,s,i) = p0(e,s)*x7(e,s,i);
(all,c,COM)(all,s,SRC)(all,i,IND) V2BAS(c,s,i) = p0(c,s)*x2(c,s,i);
(all,c,COM)(all,s,SRC)            V3BAS(c,s)   = p0(c,s)*x3(c,s);
(all,c,COM)                       V4BAS(c)     = pe(c)*x4(c);
(all,c,COM)(all,s,SRC)            V5BAS(c,s)   = p0(c,s)*x5(c,s);
(change)(all,c,COM)(all,s,SRC)    V6BAS(c,s)   = delV6(c,s);
! Excerpt 3 of TABLO input file: !
! Data coefficients and variables relating to margin flows !
Variable
(all,c,COM)    p0dom(c) # Basic price of domestic goods = p0(c,"dom") #;!pollution Emission part£°So2,Co2
and No2£¬·Ö±õÃ,B,C!
Coefficient  ! SO2 Emission Factor !
(parameter)(all,f,fos) EMFac(f) # SO2 Emission Factor #;
L_a_tot # Tech Parameter in China #;
L_a_Con # Tech Parameter in Consumer #;
(all,i,IND) L_a_Ind(i) # Tech Para of each industry #;
(all,f,fos) L_a_ENE(f) # Tech Para of each non renewable Energy #;
Read EMFac From file BASEDATA header "EMFA";
Read L_a_tot from file basedata header "AEM1";
Read L_a_Con from file basedata header "AEM2";
Read L_a_Ind from file basedata header "AEM3";
Read L_a_ENE from file basedata header "AEM4";!ÐÞ‚ÄÃÐèÒ°£¬ÆðÃû²»Ò»ÖÂ!
Coefficient  ! CO2 Emission Factor !
(parameter)(all,f,fos) EMFac_C(f) # CO2 Emission Factor #;
L_B_tot #CO2 Tech Parameter in China #;
L_B_Con #CO2 Tech Parameter in Consumer #;
(all,i,IND) L_B_Ind(i) #CO2 Tech Para of each industry #;
(all,f,fos) L_B_ENE(f) #CO2 Tech Para of non renewable Energy #;
Read EMFac_C From file BASEDATA header "EMFB";
Read L_B_tot from file basedata header "BEM1";
Read L_B_Con from file basedata header "BEM2";
Read L_B_Ind from file basedata header "BEM3";
Read L_B_ENE from file basedata header "BEM4";
Coefficient  ! NO2 Emission Factor !
(parameter)(all,f,fos) EMFac_N(f) # NO2 Emission Factor #;
L_C_tot #NO2 Tech Parameter in China #;
L_C_Con #NO2 Tech Parameter in Consumer #;
(all,i,IND) L_C_Ind(i) #NO2 Tech Para of each industry #;
(all,f,fos) L_C_ENE(f) #NO2 Tech Para of each non renewable Energy #;
Read EMFac_N From file BASEDATA header "EMFC";
Read L_C_tot from file basedata header "CEM1";
Read L_C_Con from file basedata header "CEM2";
Read L_C_Ind from file basedata header "CEM3";
Read L_C_ENE from file basedata header "CEM4";
! SO2 Emission in Intermediate!
Coefficient
(all,f,fos)(all,s,SRC)(all,i,IND) EMI7(f,s,i) #Emission in Intermediate#;
        (all,i,IND) EMI7_ES(i) #Emission in each industry#;
        (all,f,fos) EMI7_SI(f) #Emission in each Energy#;
formula
(all,f,fos)(all,s,SRC)(all,i,IND)
EMI7(f,s,i)=V7BAS(f,s,i)*EMFac(f)*L_a_tot*L_a_Ind(i)*L_a_ENE(f);
formula
(all,i,IND) EMI7_ES(i)=sum{f,fos,sum[s,SRC,EMI7(f,s,i)]};
(all,f,fos) EMI7_SI(f)=sum{i,IND,sum[s,SRC,EMI7(f,s,i)]};
write EMI7 to file summary header "EM07";
write EMI7_ES to file summary header "EM17";
write EMI7_SI to file summary header "EM27";
! CO2 Emission in Intermediate !
Coefficient
```

```
  (all,f,fos)(all,s,SRC)(all,i,IND) EMI7C(f,s,i)#Co2 Emiss in Intermediate#;
            (all,i,IND) EMI7C_ES(i) #Co2 Emiss in each industry#;
            (all,f,fos) EMI7C_SI(f) #Co2 Emiss in each Energy#;

formula
  (all,f,fos)(all,s,SRC)(all,i,IND)
    EMI7C(f,s,i)=V7BAS(f,s,i)*EMFac_C(f)*L_B_tot*L_B_Ind(i)*L_B_ENE(f);
formula
  (all,i,IND) EMI7C_ES(i)=sum{f,fos,sum[s,SRC,EMI7C(f,s,i)]};
  (all,f,fos) EMI7C_SI(f)=sum{i,IND,sum[s,SRC,EMI7C(f,s,i)]};
write EMI7C to file summary header "EC07";
write EMI7C_ES to file summary header "EC17";
write EMI7C_SI to file summary header "EC27";
! NO2 Emission in Intermediate !
Coefficient
  (all,f,fos)(all,s,SRC)(all,i,IND) EMI7N(f,s,i)#No2 Emiss in Intermediate#;
            (all,i,IND) EMI7N_ES(i) #No2 Emiss in each industry#;
            (all,f,fos) EMI7N_SI(f) #No2 Emiss in each Energy#;
formula
  (all,f,fos)(all,s,SRC)(all,i,IND)
    EMI7N(f,s,i)=V7BAS(f,s,i)*EMFac_N(f)*L_C_tot*L_C_Ind(i)*L_C_ENE(f);
formula
  (all,i,IND) EMI7N_ES(i)=sum{f,fos,sum[s,SRC,EMI7N(f,s,i)]};
  (all,f,fos) EMI7N_SI(f)=sum{i,IND,sum[s,SRC,EMI7N(f,s,i)]};
write EMI7N to file summary header "EN07";
write EMI7N_ES to file summary header "EN17";
write EMI7N_SI to file summary header "EN27";
! SO2 Emission in Consumer !
Coefficient
  (all,f,fos)(all,s,SRC) EMI3(f,s) #SO2 Emission in Consumer# ;
        (all,f,fos) EMI3_S(f) #SO2 Emission in Consumer# ;
formula
  (all,f,fos)(all,s,SRC)
    EMI3(f,s)=V3BAS(f,s)*EMFac(f)*L_a_tot*L_a_Con*L_a_ENE(f);
  (all,f,fos)
    EMI3_S(f)=Sum{s,SRC,EMI3(f,s)};
write EMI3 to file summary header "EM03";
write EMI3_S to file summary header "EM13";
! CO2 Emission in Consumer !
Coefficient
  (all,f,fos)(all,s,SRC) EMI3C(f,s) #CO2 Emission in Consumer# ;
        (all,f,fos) EMI3C_S(f) #CO2 Emission in Consumer# ;
formula
  (all,f,fos)(all,s,SRC)
    EMI3C(f,s)=V3BAS(f,s)*EMFac_C(f)*L_B_tot*L_B_Con*L_B_ENE(f);
  (all,f,fos)
    EMI3C_S(f)=Sum{s,SRC,EMI3C(f,s)};

write EMI3C to file summary header "EC03";
write EMI3C_S to file summary header "EC13";
! NO2 Emission in Consumer !
Coefficient
  (all,f,fos)(all,s,SRC) EMI3N(f,s) #NO2 Emission in Consumer# ;
        (all,f,fos) EMI3N_S(f) #NO2 Emission in Consumer# ;
formula
  (all,f,fos)(all,s,SRC)
    EMI3N(f,s)=V3BAS(f,s)*EMFac_N(f)*L_C_tot*L_C_Con*L_C_ENE(f);
  (all,f,fos)
    EMI3N_S(f)=Sum{s,SRC,EMI3N(f,s)};
write EMI3N to file summary header "EN03";
write EMI3N_S to file summary header "EN13";!SO2 Emission in Government !
Coefficient
  (all,f,fos)(all,s,SRC) EMI5(f,s) #SO2 Emission in Government#;
formula
  (all,f,fos)(all,s,SRC)
    EMI5(f,s)=V5BAS(f,s)*EMFac(f)*L_a_tot*L_a_ENE(f);
write EMI5 to file summary header "EM05";
!CO2 Emission in Government !
Coefficient
  (all,f,fos)(all,s,SRC) EMI5C(f,s) #CO2 Emission in Government#;
formula
```

```
  (all,f,fos)(all,s,SRC)
    EMI5C(f,s)=V5BAS(f,s)*EMFac_C(f)*L_B_tot*L_B_ENE(f);
 write EMI5C to file summary header "EC05";
!NO2 Emission in Government !
Coefficient
  (all,f,fos)(all,s,SRC)  EMI5N(f,s) #NO2 Emission in Government#;
formula
  (all,f,fos)(all,s,SRC)
    EMI5N(f,s)=V5BAS(f,s)*EMFac_N(f)*L_C_tot*L_C_ENE(f);
 write EMI5N to file summary header "EN05";
! Summary of SO2 Emission !
coefficient
  (all,d,DEST) EMITT(d) #SO2 Emission summary#;
          EMITOT #SO2 Emission Total#;
          PM25TOT #PM2.5 concentration#;
formula
  (all,d,DEST) EMITT(d)=0;!£¿!
EMITT("Interm")=sum{i,IND,EMI7_ES(i)};
EMITT("Invest")=0;
EMITT("HouseH")=sum{f,fos,Sum[s,SRC,EMI3(f,s)]};
EMITT("GovGE")=sum{f,fos,Sum[s,SRC,EMI5(f,s)]};
 write EMITT to file summary header "EMS0";
formula
    EMITOT=sum[d,DEST,EMITT(d)];
formula
    PM25TOT=EMITOT/1974.4*62;
 write EMITOT to file summary header "EMST";
 write PM25TOT to file summary header "PM25";

! Summary of CO2 Emission !
coefficient
  (all,d,DEST) EMITTC(d) #CO2 Emission summary#;
          EMITOTC #CO2 Emission Total#;
formula
  (all,d,DEST) EMITTC(d)=0;
EMITTC("Interm")=sum{i,IND,EMI7C_ES(i)};
EMITTC("Invest")=0;
EMITTC("HouseH")=sum{f,fos,Sum[s,SRC,EMI3C(f,s)]};
EMITTC("GovGE")=sum{f,fos,Sum[s,SRC,EMI5C(f,s)]};
 write EMITTC to file summary header "EMC0";
formula
    EMITOTC=sum[d,DEST,EMITTC(d)];
 write EMITOTC to file summary header "EMCT";
! Summary of NO2 Emission !
coefficient
  (all,d,DEST) EMITTN(d) #NO2 Emission summary#;
          EMITOTN #NO2 Emission Total#;
formula
  (all,d,DEST) EMITTN(d)=0;
EMITTN("Interm")=sum{i,IND,EMI7N_ES(i)};
EMITTN("Invest")=0;
EMITTN("HouseH")=sum{f,fos,Sum[s,SRC,EMI3N(f,s)]};
EMITTN("GovGE")=sum{f,fos,Sum[s,SRC,EMI5N(f,s)]};
 write EMITTN to file summary header "EMN0";
formula
    EMITOTN=sum[d,DEST,EMITTN(d)];
 write EMITOTN to file summary header "EMNT";
!SO2 Emission in V1BAS ,¿"Ê¼ÔÐ·½³Î!
variable !Some Thch para of SO2 Emission!
P_a_tot ;
P_a_Con ;
(all,i,IND) P_a_Ind(i) ;
(all,f,fos) P_a_ENE(f) ;

Update
  L_a_tot=P_a_tot;
  L_a_Con=P_a_Con;
  (all,i,IND) L_a_Ind(i)=P_a_Ind(i);
  (all,f,fos) L_a_ENE(f)=P_a_ENE(f);
variable
  (all,f,fos)(all,s,SRC)(all,i,IND) emx7(f,s,i) #SO2 Production Emission #;
```

```
 (all,f,fos)(all,s,SRC)        emx3(f,s) #SO2 Consumer Emission by e s #;
 (all,f,fos)(all,s,SRC)        emx5(f,s) #SO2 Gove Emission by e s#;
 (all,i,IND) emx7_es(i) #SO2 Intermediate Emission by i#;
            emx7_esi   #SO2 Production Emission #;
            emx3_es   #SO2 Consumer Emission #;
            emx5_es   #SO2 Government Emission #;
            emxt     #SO2 Total Emission %change #;
    (change)delEMXT    #SO2 Total Emission change#;
    (change)delPM25T   #Change of PM2.5 Concentration #;
Zerodivide default 0.1;
!Intermediate!
equation eq_emx7
 (all,f,fos)(all,s,SRC)(all,i,IND)
   emx7(f,s,i)=x7(f,s,i)+P_a_tot+P_a_Ind(i)+P_a_ENE(f);
equation eq_emx7_es
 (all,i,IND) emx7_es(i)
      =sum{f,fos,sum[s,SRC,[EMI7(f,s,i)/(EMI7_ES(i)+tiny)]*emx7(f,s,i)]};
equation eq_emx7_esi
   emx7_esi=sum{i,IND,[EMI7_ES(i)/EMITT("Interm")]*emx7_es(i)};
!Consumption!
equation eq_emx3
 (all,f,fos)(all,s,SRC)
   emx3(f,s)=x3(f,s)+P_a_tot+P_a_Con+P_a_ENE(f);
equation eq_emx3_es
   emx3_es=sum{f,fos,sum[s,SRC,[EMI3(f,s)/EMITT("HouseH")]*emx3(f,s)]};

!Government!
equation eq_emx5
 (all,f,fos)(all,s,SRC)
   emx5(f,s)=x5(f,s)+P_a_tot+P_a_ENE(f);
equation eq_emx5_es
   emx5_es=sum{f,fos,sum[s,SRC:EMITT("GovGE")>0,
      [EMI5(f,s)/EMITT("GovGE")]*emx5(f,s)]};
equation eq_emxt
   emxt=[EMITT("Interm")/EMITOT]*emx7_esi
        +[EMITT("HouseH")/EMITOT]*emx3_es
        +[EMITT("GovGE")/EMITOT]*emx5_es;

equation eq_delEMXT
   delEMXT=EMITOT/100*emxt;
equation eq_delPM25T
   delPM25T=1/1974.4*62*delEMXT;
Zerodivide off;
Coefficient  EMTC # SO2 Emission total in Current Year (10^4 ton) #;
Read EMTC from file BASEDATA header "EMTC";
Update (CHANGE) EMTC = delEMXT;
!SO2 Tax Rate has two formats, $/ton and % !
Variable
 (all,p,coo) t7so2(p) # Power of SO2 tax on intermediate #;
 !(all,c,COM) t2so2(c) # Power of SO2 tax on Invest #;!
 (all,p,coo) t3so2(p) # Power of SO2 tax on Consumer #;
variable (change)  (all,p,coo) deltaxSO2(p) # RMB/ton #;
!$/10^4 ton change to RMB/ton!
Equation EQ_t7so2 (all,p,coo)
   100/100/6.31*EMI7_SI(p)*deltaxSO2(p)
   =Sum{i,IND,Sum[s,SRC,V7BAS(p,s,i)*t7so2(p)]};
!A $/ton = B 10^6$/10^4ton !
!B=A/100 !
!And must *100 for %¡÷!
!
Equation EQ_t2so2 (all,e,ENE)
   100/100/6.31*EMI2_SI(e)*deltaxSO2(e)
   =Sum{i,IND,Sum[s,SRC,V2BAS(e,s,i)*t2so2(e)]};
!
Equation EQ_t3so2 (all,p,coo)
   100/100/6.31*(EMI3_S(p)+Tiny)*deltaxSO2(p)
   =Sum[s,SRC,id01(V3BAS(p,s))*t3so2(p)];
! Transfer SO2 Tax Format from $/ton to % !
! SO2 Emission --End------------------!
!CO2 Emission in V1BAS !
variable !Some Thch para of CO2 Emission!
```

```
P_B_tot ;
P_B_Con ;
(all,i,IND) P_B_Ind(i) ;
(all,f,fos) P_B_ENE(f) ;
Update
 L_B_tot=P_B_tot;
 L_B_Con=P_B_Con;
 (all,i,IND) L_B_Ind(i)=P_B_Ind(i);
 (all,f,fos) L_B_ENE(f)=P_B_ENE(f);
variable
 (all,f,fos)(all,s,SRC)(all,i,IND) emx7c(f,s,i) #CO2 Production Emission #;
 (all,f,fos)(all,s,SRC)      emx3c(f,s) #CO2 Consumer Emission by e s #;
 (all,f,fos)(all,s,SRC)      emx5c(f,s) #CO2 Gove Emission by e s#;
 (all,i,IND) emx7c_es(i) #CO2 Intermediate Emission by i#;
        emx7c_esi  #CO2 Production Emission #;
        emx3c_es   #CO2 Consumer Emission #;
        emx5c_es   #CO2 Government Emission #;
        emxtc      #CO2 Total Emission %change #;
   (change)delEMXTC   #CO2 Total Emission change#;
Zerodivide default 0.1;
!Consumption!
equation eq_emx3c
 (all,f,fos)(all,s,SRC)
   emx3c(f,s)=x3(f,s)+P_B_tot+P_B_Con+P_B_ENE(f);
equation eq_emx3C_es
   emx3c_es=sum{f,fos,sum[s,SRC,[EMI3c(f,s)/EMITTc("HouseH")]*emx3c(f,s)]};
!Government!
equation eq_emx5c
 (all,f,fos)(all,s,SRC)
   emx5c(f,s)=x5(f,s)+P_B_tot+P_B_ENE(f);
equation eq_emx5c_es
   emx5c_es=sum{f,fos,sum[s,SRC:EMITTc("GovGE")>0,
     [EMI5c(f,s)/EMITTC("GovGE")]*emx5c(f,s)]};
equation eq_emxtc
   emxtc=[EMITTc("Interm")/EMITOTc]*emx7c_esi
         +[EMITTc("HouseH")/EMITOTc]*emx3c_es
         +[EMITTc("GovGE")/EMITOTc]*emx5c_es;
equation eq_delEMXTC
   delEMXTC=EMITOTc/100*emxtc;
Coefficient  EMTC2 # CO2 Emission total in Current Year (10^4 ton) #;
Read EMTC2 from file BASEDATA header "EMC2";
 Update (change) EMTC2 = delEMXTC;
Zerodivide off;
!CO2 Tax Rate has two formats, $/ton and % !
Variable
 (all,p,coo) t7CO2(p) # Power of CO2 tax on intermediate #;
 ! (all,c,COM) t2CO2(c) # Power of CO2 tax on Invest #;!
 (all,p,coo) t3CO2(p) # Power of CO2 tax on Consumer #;
variable (change) (all,p,coo) deltaxCO2(p) # RMB/ton #;
!$/10^4 ton change to RMB/ton!
Equation EQ_t7CO2 (all,p,coo)
   100/100/6.31*EMI7c_SI(p)*deltaxCO2(p)
   =Sum{i,IND,Sum[s,SRC,V7BAS(p,s,i)*t7CO2(p)]};
!A $/ton = B 10^6$/10^4ton !
!B=A/100 !
!And must *100 for %¡÷!
!
Equation EQ_t2CO2 (all,e,ENE)
   100/100/6.31*EMI2_SI(e)*deltaxCO2(e)
   =Sum{i,IND,Sum[s,SRC,V2BAS(e,s,i)*t2CO2(e)]};
!
Equation EQ_t3CO2 (all,p,coo)
   100/100/6.31*(EMI3c_S(p)+Tiny)*deltaxCO2(p)
   =Sum[s,SRC,id01(V3BAS(p,s))*t3CO2(p)];
! Transfer CO2 Tax Format from $/ton to % !
! CO2 Emission --End------------------!
!NO2 Emission in V1BAS !
variable !Some Thch para of NO2 Emission!
P_C_tot ;
P_C_Con ;
(all,i,IND) P_C_Ind(i) ;
```

```
 (all,f,fos) P_C_ENE(f) ;
Update
 L_C_tot=P_C_tot;
 L_C_Con=P_C_Con;
 (all,i,IND) L_C_Ind(i)=P_C_Ind(i);
 (all,f,fos) L_C_ENE(f)=P_C_ENE(f);
variable
 (all,f,fos)(all,s,SRC)(all,i,IND) emx7n(f,s,i) #NO2 Production Emission #;
 (all,f,fos)(all,s,SRC)        emx3n(f,s) #NO2 Consumer Emission by e s #;
 (all,f,fos)(all,s,SRC)        emx5n(f,s) #NO2 Gove Emission by e s#;
 (all,i,IND) emx7n_es(i) #NO2 Intermediate Emission by i#;
        emx7n_esi  #NO2 Production Emission #;
        emx3n_es   #NO2 Consumer Emission #;
        emx5n_es   #NO2 Government Emission #;
        emxtn   #NO2 Total Emission %change #;
   (change)delEMXTN    #NO2 Total Emission change#;
Zerodivide default 0.1;
!Intermediate!
equation eq_emx7n
 (all,f,fos)(all,s,SRC)(all,i,IND)
    emx7n(f,s,i)=x7(f,s,i)+P_c_tot+P_c_Ind(i)+P_c_ENE(f);
equation eq_emx7n_es
 (all,i,IND) emx7n_es(i) =sum{f,fos,sum[s,SRC,[EMI7N(f,s,i)/(EMI7N_ES(i)+tiny)]*emx7n(f,s,i)]};
equation eq_emx7n_esi
    emx7n_esi=sum{i,IND,[EMI7N_ES(i)/EMITTN("Interm")]*emx7n_es(i)};
!Consumption!
equation eq_emx3n
 (all,f,fos)(all,s,SRC)
    emx3n(f,s)=x3(f,s)+P_C_tot+P_C_Con+P_C_ENE(f);

equation eq_emx3n_es
    emx3n_es=
    sum{f,fos,sum[s,SRC,[EMI3n(f,s)/EMITTn("HouseH")]*emx3n(f,s)]};
!Government!
equation eq_emx5n
 (all,f,fos)(all,s,SRC)
    emx5n(f,s)=x5(f,s)+P_C_tot+P_C_ENE(f);
equation eq_emx5n_es
    emx5n_es=sum{f,fos,sum[s,SRC:EMITTn("GovGE")>0,
    [EMI5n(f,s)/EMITTn("GovGE")]*emx5n(f,s)]};
equation eq_emxtn
 emxtn=[EMITTn("Interm")/EMITOTn]*emx7n_esi
        +[EMITTn("HouseH")/EMITOTn]*emx3n_es
        +[EMITTn("GovGE")/EMITOTn]*emx5n_es;
equation eq_delEMXTN
 delEMXTN=EMITOTn/100*emxtn;
Zerodivide off;
! NO2 Emission --End-----------------!
! Excerpt 4 of TABLO input file: !
! Data coefficients and variables relating to commodity taxes !
Coefficient  ! Taxes on Basic Flows!
!(all,c,COM)(all,s,SRC)(all,i,IND)  V1TAX(c,s,i) # Taxes on intermediate #;!
 (all,n,NEN)(all,s,SRC)(all,i,IND)  V1TAX(n,s,i);
 (all,e,ene)(all,s,SRC)(all,i,IND)  V7TAX(e,s,i);
 (all,c,COM)(all,s,SRC)(all,i,IND)  V2TAX(c,s,i) # Taxes on investment #;
 (all,c,COM)(all,s,SRC)       V3TAX(c,s)  # Taxes on households #;
 (all,c,COM)            V4TAX(c)    # Taxes on export #;
 (all,c,COM)(all,s,SRC)       V5TAX(c,s)  # Taxes on government #;
Read
V1TAX from file BASEDATA header "1TAX";
V7TAX from file BASEDATA header "7TAX";
V2TAX from file BASEDATA header "2TAX";
V3TAX from file BASEDATA header "3TAX";
V4TAX from file BASEDATA header "4TAX";
V5TAX from file BASEDATA header "5TAX";
Variable
!(change)(all,c,COM)(all,s,SRC)(all,i,IND) delV1TAX(c,s,i) # Interm tax rev #;!
(change)(all,n,NEN)(all,s,SRC)(all,i,IND) delV1TAX(n,s,i) ;
(change)(all,e,ene)(all,s,SRC)(all,i,IND) delV7TAX(e,s,i) ;
(change)(all,c,COM)(all,s,SRC)(all,i,IND) delV2TAX(c,s,i) # Invest tax rev #;
(change)(all,c,COM)(all,s,SRC)       delV3TAX(c,s)  # H'hold tax rev #;
```

```
(change)(all,c,COM)                    delV4TAX(c)    # Export tax rev #;
(change)(all,c,COM)(all,s,SRC)         delV5TAX(c,s)  # Govmnt tax rev #;
Update
!(change)(all,c,COM)(all,s,SRC)(all,i,IND)  V1TAX(c,s,i) = delV1TAX(c,s,i);!
(change)(all,n,NEN)(all,s,SRC)(all,i,IND)   V1TAX(n,s,i) = delV1TAX(n,s,i);
(change)(all,e,ene)(all,s,SRC)(all,i,IND)   V7TAX(e,s,i) = delV7TAX(e,s,i);
(change)(all,c,COM)(all,s,SRC)(all,i,IND)   V2TAX(c,s,i) = delV2TAX(c,s,i);
(change)(all,c,COM)(all,s,SRC)              V3TAX(c,s) =
delV3TAX(c,s);
(change)(all,c,COM)                    V4TAX(c)   = delV4TAX(c);
(change)(all,c,COM)(all,s,SRC)         V5TAX(c,s) = delV5TAX(c,s);
! Excerpt 5 of TABLO input file: !
! Data coefficients for primary-factor flows, other industry costs, and tariffs!
Coefficient
!(all,i,IND)(all,o,OCC) V1LAB(i,o)  # Wage bill matrix #;!
(all,i,IND)        V1LAB(i)  # Wage bill matrix #;
(all,i,IND)        V1CAP(i)  # Capital rentals #;
!(all,i,IND)       V1LND(i)  # Land rentals #;!
(all,i,IND)        V1PTX(i)  # Production tax #;
!(all,i,IND)       V1OCT(i)  # Other cost tickets #;!
Read
V1LAB from file BASEDATA header "1LAB";
V1CAP from file BASEDATA header "1CAP";
!V1LND from file BASEDATA header "1LND";!
V1PTX from file BASEDATA header "1PTX";
!V1OCT from file BASEDATA header "1OCT";!
Variable
!(all,i,IND)(all,o,OCC)  x1lab(i,o)  # Employment by industry and occupation #;
(all,i,IND)(all,o,OCC)   p1lab(i,o)  # Wages by industry and occupation #;!
(all,i,IND)  x1lab(i)      # Employment by industry and occupation #;
(all,i,IND)  p1lab(i)      # Wages by industry and occupation #;
(all,i,IND)  x1cap(i)      # Current capital stock #;
(all,i,IND)  p1cap(i)      # Rental price of capital #;
!(all,i,IND)  x1lnd(i)      # Use of land #;
(all,i,IND)  p1lnd(i)      # Rental price of land #;!
(change)(all,i,IND) delV1PTX(i) # Ordinary change in production tax revenue #;
!(all,i,IND)  x1oct(i)      # Demand for "other cost" tickets #;
(all,i,IND)  p1oct(i)      # Price of "other cost" tickets #;!
Update
!(all,i,IND)(all,o,OCC)  V1LAB(i,o)  = p1lab(i,o)*x1lab(i,o);!
(all,i,IND)       V1LAB(i)  = p1lab(i)*x1lab(i);
(all,i,IND)       V1CAP(i)  = p1cap(i)*x1cap(i);
!(all,i,IND)       V1LND(i)  = p1lnd(i)*x1lnd(i);!
(change)(all,i,IND)  V1PTX(i)  = delV1PTX(i);
!(all,i,IND)       V1OCT(i)  = p1oct(i)*x1oct(i);!
! Data coefficients relating to import duties !
Coefficient (all,c,COM) V0TAR(c)  # Tariff revenue #;
Read V0TAR from file BASEDATA header "0TAR";
Variable (all,c,COM) (change) delV0TAR(c) # Ordinary change in tariff revenue #;
Update (change)  (all,c,COM) V0TAR(c) = delV0TAR(c);
! Excerpt 6 of TABLO input file: !
! Coefficients and variables for purchaser's prices (basic + margins + taxes) !
Coefficient ! Flows at purchasers prices !
!(all,c,COM)(all,s,SRC)(all,i,IND)  V1PUR(c,s,i)  # Intermediate purch. value #;!
(all,n,NEN)(all,s,SRC)(all,i,IND)  V1PUR(n,s,i);
(all,e,ene)(all,s,SRC)(all,i,IND)  V7PUR(e,s,i);
(all,c,COM)(all,s,SRC)(all,i,IND)  V2PUR(c,s,i)  # Investment purch. value #;
(all,c,COM)(all,s,SRC)             V3PUR(c,s)  # Households purch. value #;
(all,c,COM)                        V4PUR(c)    # Export purch. value #;
(all,c,COM)(all,s,SRC)             V5PUR(c,s)  # Government purch. value #;
Formula
! (all,c,COM)(all,s,SRC)(all,i,IND)
  V1PUR(c,s,i)  = V1BAS(c,s,i) + V1TAX(c,s,i) + sum{m,MAR, V1MAR(c,s,i,m)};!
(all,n,NEN)(all,s,SRC)(all,i,IND)
  V1PUR(n,s,i) = V1BAS(n,s,i) + V1TAX(n,s,i);
(all,r,nre)(all,s,SRC)(all,i,IND)
  V7PUR(r,s,i) = V7BAS(r,s,i) + V7TAX(r,s,i);
(all,s,SRC)(all,i,IND)
  V7PUR("gas",s,i) = V7BAS("gas",s,i) - V7TAX("gas",s,i);
(all,b,ren)(all,s,SRC)(all,i,IND)
  V7PUR(b,s,i) = V7BAS(b,s,i) - V7TAX(b,s,i);
```

218

```
!(all,c,COM)(all,s,SRC)(all,i,IND)
  V2PUR(c,s,i)  = V2BAS(c,s,i) + V2TAX(c,s,i) ;!
(all,g,ABC)(all,s,SRC)(all,i,IND)
  V2PUR(g,s,i) = V2BAS(g,s,i) + V2TAX(g,s,i) ;
(all,s,SRC)(all,i,IND)
  V2PUR("gas",s,i) = V2BAS("gas",s,i) - V2TAX("gas",s,i) ;
(all,b,ren)(all,s,SRC)(all,i,IND)
  V2PUR(b,s,i) = V2BAS(b,s,i) - V2TAX(b,s,i) ;
!(all,c,COM)(all,s,SRC)
  V3PUR(c,s)   = V3BAS(c,s)  + V3TAX(c,s)  ;!
(all,g,ABC)(all,s,SRC)
  V3PUR(g,s)   = V3BAS(g,s)  + V3TAX(g,s)  ;
(all,s,SRC)
  V3PUR("gas",s)  = V3BAS("gas",s) - V3TAX("gas",s)  ;
(all,b,ren)(all,s,SRC)
  V3PUR(b,s)   = V3BAS(b,s)  - V3TAX(b,s)  ;
(all,c,COM)
  V4PUR(c)   = V4BAS(c)   + V4TAX(c)   ;
!(all,g,ABC)
  V4PUR(g)   = V4BAS(g)   + V4TAX(g)   ;
(all,b,ren)
  V4PUR(b)   = V4BAS(b)   - V4TAX(b)   ;!
!(all,c,COM)(all,s,SRC)
  V5PUR(c,s)   = V5BAS(c,s)  + V5TAX(c,s)  ;!
(all,g,ABC)(all,s,SRC)
  V5PUR(g,s)   = V5BAS(g,s)  + V5TAX(g,s)  ;
(all,s,SRC)
  V5PUR("gas",s)  = V5BAS("gas",s) - V5TAX("gas",s)  ;
(all,b,ren)(all,s,SRC)
  V5PUR(b,s)   = V5BAS(b,s)  - V5TAX(b,s)  ;
Variable ! Purchasers prices !
!(all,c,COM)(all,s,SRC)(all,i,IND) p1(c,s,i)# Purchaser's price, intermediate #;!
(all,n,NEN)(all,s,SRC)(all,i,IND) p1(n,s,i);
(all,e,ene)(all,s,SRC)(all,i,IND) p7(e,s,i);
(all,c,COM)(all,s,SRC)(all,i,IND) p2(c,s,i)# Purchaser's price, investment #,
(all,c,COM)(all,s,SRC)      p3(c,s) # Purchaser's price, household #;
(all,c,COM)          p4(c)  # Purchaser's price, exports,loc$ #;
(all,c,COM)(all,s,SRC)    p5(c,s) # Purchaser's price, government #;
! Excerpt 7 of TABLO input file: !
! Occupational composition of labour demand !
!$  Problem: for each industry i, minimize labour cost  !
!$      sum{o,OCC, P1LAB(i,o)*X1LAB(i,o)}        !
!$ such that  X1LAB_O(i) = CES( All,o,OCC: X1LAB(i,o) ) !
!Coefficient
(parameter)(all,i,IND) SIGMA1LAB(i) # CES substitution between skill types #;
(all,i,IND) V1LAB_O(i)  # Total labour bill in industry i #;
Read SIGMA1LAB from file BASEDATA header "SLAB";
Formula
(all,i,IND) V1LAB_O(i) = sum{o,OCC, V1LAB(i,o)};
Variable
(all,i,IND) p1lab_o(i) # Price to each industry of labour composite #;
(all,i,IND) x1lab_o(i) # Effective labour input #;
Equation
E_x1lab  # Demand for labour by industry and skill group #
(all,i,IND)(all,o,OCC)
  x1lab(i,o) = x1lab_o(i) - SIGMA1LAB(i)*[p1lab(i,o) - p1lab_o(i)];
E_p1lab_o # Price to each industry of labour composite #
(all,i,IND) [TINY+V1LAB_O(i)]*p1lab_o(i) = sum{o,OCC, V1LAB(i,o)*p1lab(i,o)};!
! Excerpt 8 of TABLO input file: !
! Primary factor proportions !
!$ X1PRIM(i) =        !
!$  CES( X1LAB_O(i)/A1LAB_O(i), X1CAP(i)/A1CAP(i), X1LND(i)/A1LND(i) ) !
Coefficient
(parameter)(all,i,IND) SIGMA1PRIM(i) # CES substitution, primary factors #;
Read SIGMA1PRIM from file BASEDATA header "P028";
Coefficient (all,i,IND) V1PRIM(i) # Total factor input to industry i#;
Formula    (all,i,IND) V1PRIM(i) = TINY + V1LAB(i)+ V1CAP(i)! + V1LND(i)!;
Variable
(all,i,IND) p1prim(i)  # Effective price of primary factor composite #;
(all,i,IND) x1prim(i)  # Primary factor composite #;
(all,i,IND) a1lab(i)  # Labor-augmenting technical change #;
```

```
        a1lab_oi  # Labor-augmenting technical change #;
 (all,i,IND) a1cap(i)  # Capital-augmenting technical change #;
 !(all,i,IND) a1lnd(i)  # Land-augmenting technical change #;!
 (change)(all,i,IND) delV1PRIM(i)# Ordinary change in cost of primary factors #;
Equation
 E_x1lab_o  # Industry demands for effective labour #
  (all,i,IND) x1lab(i) - [a1lab(i)+a1lab_oi] =
   x1prim(i) - SIGMA1PRIM(i)*[p1lab(i) + a1lab(i) + a1lab_oi- p1prim(i)];
 E_p1cap  # Industry demands for capital #
  (all,i,IND) x1cap(i) - a1cap(i) =
   x1prim(i) - SIGMA1PRIM(i)*[p1cap(i) + a1cap(i) - p1prim(i)];
 !E_p1lnd  # Industry demands for land #
  (all,i,IND) x1lnd(i) - a1lnd(i) =
   x1prim(i) - SIGMA1PRIM(i)*[p1lnd(i) + a1lnd(i) - p1prim(i)];!
 E_p1prim  # Effective price term for factor demand equations #
  (all,i,IND) V1PRIM(i)*p1prim(i) = V1LAB(i)*[p1lab(i) + a1lab(i)+a1lab_oi]
   + V1CAP(i)*[p1cap(i) + a1cap(i)] !+ V1LND(i)*[p1lnd(i) + a1lnd(i)]!;
 E_delV1PRIM  # Ordinary change in total cost of primary factors #
  (all,i,IND) 100*delV1PRIM(i) = V1CAP(i) * [p1cap(i) + x1cap(i)]
              + V1LAB(i) * [p1lab(i) + x1lab(i)];
 !+ V1LND(i) * [p1lnd(i) + x1lnd(i)]!

! Excerpt 9 of TABLO input file: !
! Import/domestic composition of intermediate demands !
!$ X1_S(c,i) = CES( All,s,SRC: X1(c,s,i)/A1(c,s,i) ) !
Variable
!(all,c,COM)(all,s,SRC)(all,i,IND) a1(c,s,i) # Intermediate basic tech change #;
 (all,c,COM)(all,i,IND) x1_s(c,i)  # Intermediate use of imp/dom composite #;
 (all,c,COM)(all,i,IND) p1_s(c,i)  # Price, intermediate imp/dom composite #;!
 (all,n,NEN)(all,s,SRC)(all,i,IND) a1(n,s,i) ;
 (all,n,NEN)(all,i,IND) x1_s(n,i)  ;
 (all,n,NEN)(all,i,IND) p1_s(n,i)  ;
 (all,e,ENE)(all,s,SRC)(all,i,IND) a7(e,s,i) ;
 (all,e,ENE)(all,i,IND) x7_s(e,i) ;
 (all,e,ENE)(all,i,IND) p7_s(e,i)  ;
 (all,i,IND)     p1mat(i)  # Intermediate cost price index #;
 (all,i,IND)     p1var(i)  # Short-run variable cost price index #;
Coefficient
 (parameter)(all,c,COM) SIGMA1(c)   # Armington elasticities: intermediate #;
!(all,c,COM)(all,i,IND) V1PUR_S(c,i) # Dom+imp intermediate purch. value #;
 (all,c,COM)(all,s,SRC)(all,i,IND) S1(c,s,i) # Intermediate source shares #;!
 (all,n,NEN)(all,i,IND) V1PUR_S(n,i) # Dom+imp intermediate purch. value #;
 (all,e,ENE)(all,i,IND) V7PUR_S(e,i) # Dom+imp Energy purch. value #;
 (all,n,NEN)(all,s,SRC)(all,i,IND) S1(n,s,i) # Intermediate source shares #;
 (all,e,ENE)(all,s,SRC)(all,i,IND) S7(e,s,i) # Energy source shares #;
 (all,i,IND)     V1MAT(i)   # Total intermediate cost for industry i #;
 (all,i,IND)     V1VAR(i)   # Short-run variable cost for industry i #;
 (all,i,IND)     V7ENE(i)   # Total Energy cost for industry i #;
 (all,i,IND)     V7fos(i);
 (all,i,IND)     V7ger(i);
 (all,i,IND)     V7ele(i);
Read SIGMA1 from file BASEDATA header "1ARM";
Zerodivide default 0.5;
Formula
!(all,c,COM)(all,i,IND)     V1PUR_S(c,i) = sum{s,SRC, V1PUR(c,s,i)};
 (all,c,COM)(all,s,SRC)(all,i,IND) S1(c,s,i)  = V1PUR(c,s,i) / V1PUR_S(c,i);!
 (all,n,NEN)(all,i,IND)     V1PUR_S(n,i) = sum{s,SRC, V1PUR(n,s,i)};
 (all,n,NEN)(all,s,SRC)(all,i,IND) S1(n,s,i)  = V1PUR(n,s,i) / V1PUR_S(n,i);
 (all,e,ENE)(all,i,IND)     V7PUR_S(e,i) = sum{s,SRC, V7PUR(e,s,i)};
 (all,e,ENE)(all,s,SRC)(all,i,IND) S7(e,s,i)  = V7PUR(e,s,i) / V7PUR_S(e,i);
 (all,i,IND)     V7ENE(i)  = sum{e,ENE, V7PUR_S(e,i)};
 (all,i,IND)     V7fos(i)  = sum{f,fos, V7PUR_S(f,i)};
 (all,i,IND)     V7ger(i)  = sum{l,ele, V7PUR_S(l,i)};
 (all,i,IND)     V7ele(i)  = sum{l,ele, V7PUR_S(l,i)}
                 +V7PUR_S("td",i);

 (all,i,IND)     V1MAT(i)  = sum{n,nen, V1PUR_S(n,i)}+
                 sum{e,ene, V7PUR_S(e,i)};
 (all,i,IND)     V1VAR(i)  = V1MAT(i) + V1LAB(i);
Zerodivide off;
!Equation E_x1  # Source-specific commodity demands #
```

```
(all,c,COM)(all,s,SRC)(all,i,IND)
 x1(c,s,i)-a1(c,s,i) = x1_s(c,i) -SIGMA1(c)*[p1(c,s,i) +a1(c,s,i) -p1_s(c,i)];
Equation E_p1_s  # Effective price of commodity composite #
(all,c,COM)(all,i,IND)
 p1_s(c,i) = sum{s,SRC, S1(c,s,i)*[p1(c,s,i) + a1(c,s,i)]};
Equation E_p1mat  # Intermediate cost price index #
(all,i,IND)
 p1mat(i) = sum{c,COM, sum{s,SRC, (V1PUR(c,s,i)/ID01[V1MAT(i)])*p1(c,s,i)}};!
Equation E_x1
(all,n,NEN)(all,s,SRC)(all,i,IND)
 x1(n,s,i)-a1(n,s,i) = x1_s(n,i)-SIGMA1(n)*[p1(n,s,i) +a1(n,s,i) - p1_s(n,i)];
Equation E_p1_s
(all,n,NEN)(all,i,IND)
 p1_s(n,i) = sum{s,SRC, S1(n,s,i)*[p1(n,s,i) + a1(n,s,i)]};
Equation E_x7
(all,e,ENE)(all,s,SRC)(all,i,IND)
 x7(e,s,i)-a7(e,s,i) = x7_s(e,i)-SIGMA1(e)*[p7(e,s,i) +a7(e,s,i) - p7_s(e,i)];
Equation E_p7_s
(all,e,ENE)(all,i,IND)
 p7_s(e,i) = sum{s,SRC, S7(e,s,i)*[p7(e,s,i) + a7(e,s,i)]};
Equation E_p1mat  # Intermediate cost price index #
(all,i,IND)
 ID01[V1MAT(i)]*p1mat(i) = sum{n,NEN, sum{s,SRC, V1PUR(n,s,i)*p1(n,s,i)}};
Equation E_p1var  # Short-run variable cost price index #
(all,i,IND) p1var(i)=[1/V1VAR(i)]*[V1MAT(i)*p1mat(i)+V1LAB(i)*p1lab(i)];
!composition of different fossil energy ,
composition of different electric generation!
Variable
(all,i,IND) p7fos(i)  ; (all,i,IND) p7ger(i);
(all,i,IND) x7fos(i)  ; (all,i,IND) x7ger(i);
(all,e,ene)(all,i,IND) a7_s(e,i);
Coefficient
(parameter)(all,i,IND) SIGMA1fos(i); (parameter)(all,i,IND) SIGMA1ele(i);
Read SIGMA1fos from file BASEDATA header "sfos";
Read SIGMA1ele from file BASEDATA header "sele";
Equation E_x7_sA
(all,f,fos)(all,i,IND)
x7_s(f,i)-a7_s(f,i) = x7fos(i) - SIGMA1fos(i)*[p7_s(f,i)+a7_s(f,i) - p7fos(i)];
Equation E_x7_sB
(all,l,ele)(all,i,IND)
x7_s(l,i)-a7_s(l,i) = x7ger(i) - SIGMA1ele(i)*[p7_s(l,i)+a7_s(l,i) - p7ger(i)];
Equation E_p7fos
(all,i,IND) id01(V7fos(i))*p7fos(i)=
              sum{f,fos, V7PUR_S(f,i)*[p7_s(f,i)+a7_s(f,i)]};
Equation E_p7ger
(all,i,IND) V7ger(i)*p7ger(i)= sum{l,ele, V7PUR_S(l,i)*[p7_s(l,i)+a7_s(l,i)]};
!composition of electric generation and electric td!
Variable
(all,i,IND)  x7ele(i);
(all,i,IND)  p7ele(i);
(all,i,IND)  a7ger(i);
(all,i,IND)  a7ele(i);
Equation E_x7ger
(all,i,IND)  x7ger(i) - [a7ger(i) + a7ele(i)] = x7ele(i);
Equation E_x7td
(all,i,IND)  x7_s("td",i) - [a7_s("td",i) + a7ele(i)] = x7ele(i);
Equation E_p7ele
(all,i,IND) V7ele(i)*p7ele(i)= V7ger(i)*[p7ger(i) + a7ger(i)]
  + V7PUR_S("td",i)*[p7_s("td",i) + a7_s("td",i)] ;
!composition of fossil energy and electric!
Variable
(all,i,IND) p7ene(i)  ;
(all,i,IND) x7ene(i)  ;
(all,i,IND) a7fos(i)  ;
Coefficient
(parameter)(all,i,IND) SIGMA1ene(i);
Read SIGMA1ene from file BASEDATA header "sene";
Equation E_x7fos
(all,i,IND)  x7fos(i) - a7fos(i) =
  x7ene(i) - SIGMA1ene(i)*[p7fos(i) + a7fos(i) - p7ene(i)];
Equation E_x7ele
```

221

(**all**,i,IND) x7ele(i) - a7ele(i) =
  x7ene(i) - SIGMA1ene(i)*[p7ele(i) + a7ele(i) - p7ene(i)];
Equation E_p7ene
  (**all**,i,IND) V7ene(i)*p7ene(i) = V7fos(i)*[p7fos(i) + a7fos(i)]
    + V7ele(i)*[p7ele(i) + a7ele(i)] ;
! Excerpt 10 of TABLO input file: !
! Top nest of industry input demands !
!$ X1TOT(i) = MIN(All,c,COM: X1_S(c,i)/[A1_S(c,s,i)*A1TOT(i)], !
!$ X1PRIM(i)/[A1PRIM(i)*A1TOT(i)], !
!$ X1OCT(i)/[A1OCT(i)*A1TOT(i)]) !
Variable
(**all**,i,IND) x1tot(i)   # Activity level or value-added #;
(**all**,i,IND) a1prim(i)   # All factor augmenting technical change #;
(**all**,i,IND) a1tot(i)   # All input augmenting technical change #;
(**all**,i,IND) p1tot(i)   # Average input/output price #;
!(**all**,i,IND) a1oct(i)   # "Other cost" ticket augmenting techncal change#;!
(**all**,n,nen)(**all**,i,IND) a1_s(n,i) # Tech change, int'mdiate imp/dom composite #;
(**all**,i,IND) a7ene(i);
(**all**,b,ren)(**all**,s,SRC)(**all**,i,IND)
  V7PUR(b,s,i) = V7BAS(b,s,i) - V7TAX(b,s,i);
!(all,c,COM)(all,s,SRC)(all,i,IND)
  V2PUR(c,s,i) = V2BAS(c,s,i) + V2TAX(c,s,i) ;!
(**all**,g,ABC)(**all**,s,SRC)(**all**,i,IND)
  V2PUR(g,s,i) = V2BAS(g,s,i) + V2TAX(g,s,i) ;
(**all**,s,SRC)(**all**,i,IND)
  V2PUR("gas",s,i) = V2BAS("gas",s,i) - V2TAX("gas",s,i) ;
(**all**,b,ren)(**all**,s,SRC)(**all**,i,IND)
  V2PUR(b,s,i) = V2BAS(b,s,i) - V2TAX(b,s,i) ;
!(all,c,COM)(all,s,SRC)
  V3PUR(c,s) = V3BAS(c,s) + V3TAX(c,s) ;!
(**all**,g,ABC)(**all**,s,SRC)
  V3PUR(g,s) = V3BAS(g,s) + V3TAX(g,s) ;
(**all**,s,SRC)
  V3PUR("gas",s) = V3BAS("gas",s) - V3TAX("gas",s) ;
(**all**,b,ren)(**all**,s,SRC)
  V3PUR(b,s) = V3BAS(b,s) - V3TAX(b,s) ;
(**all**,c,COM)
  V4PUR(c)   = V4BAS(c)   + V4TAX(c) ;
!(all,g,ABC)
  V4PUR(g)   = V4BAS(g)   + V4TAX(g) ;
(all,b,ren)
  V4PUR(b)   = V4BAS(b)   - V4TAX(b) ;!
!(all,c,COM)(all,s,SRC)
  V5PUR(c,s) = V5BAS(c,s) + V5TAX(c,s) ;!
(**all**,g,ABC)(**all**,s,SRC)
  V5PUR(g,s) = V5BAS(g,s) + V5TAX(g,s) ;
(**all**,s,SRC)
  V5PUR("gas",s) = V5BAS("gas",s) - V5TAX("gas",s) ;
(**all**,b,ren)(**all**,s,SRC)
  V5PUR(b,s) = V5BAS(b,s) - V5TAX(b,s) ;
Variable ! Purchasers prices !
!(all,c,COM)(all,s,SRC)(all,i,IND) p1(c,s,i)# Purchaser's price, intermediate #;!
(**all**,n,NEN)(**all**,s,SRC)(**all**,i,IND) p1(n,s,i);
(**all**,e,ene)(**all**,s,SRC)(**all**,i,IND) p7(e,s,i);
(**all**,c,COM)(**all**,s,SRC)(**all**,i,IND) p2(c,s,i)# Purchaser's price, investment #;
(**all**,c,COM)(**all**,s,SRC)   p3(c,s) # Purchaser's price, household #;
(**all**,c,COM)   p4(c) # Purchaser's price, exports,loc$ #;
(**all**,c,COM)(**all**,s,SRC)   p5(c,s) # Purchaser's price, government #;
! Excerpt 7 of TABLO input file: !
! Occupational composition of labour demand !
!$ Problem: for each industry i, minimize labour cost !
!$ sum{o,OCC, P1LAB(i,o)*X1LAB(i,o)}   !
!$ such that X1LAB_O(i) = CES(All,o,OCC: X1LAB(i,o)) !
!Coefficient
(parameter)(**all**,i,IND) SIGMA1LAB(i) # CES substitution between skill types #;
(**all**,i,IND) V1LAB_O(i) # Total labour bill in industry i #;
Read SIGMA1LAB from file BASEDATA header "SLAB";
Formula
(**all**,i,IND) V1LAB_O(i) = sum{o,OCC, V1LAB(i,o)};
Variable
(**all**,i,IND) p1lab_o(i) # Price to each industry of labour composite #;

(all,i,IND) x1lab_o(i) # Effective labour input #;
Equation
E_x1lab # Demand for labour by industry and skill group #
(all,i,IND)(all,o,OCC)
x1lab(i,o) = x1lab_o(i) - SIGMA1LAB(i)*[p1lab(i,o) - p1lab_o(i)];
E_p1lab_o # Price to each industry of labour composite #
(all,i,IND) [TINY+V1LAB_O(i)]*p1lab_o(i) = sum{o,OCC, V1LAB(i,o)*p1lab(i,o)};!
! Excerpt 8 of TABLO input file: !
! Primary factor proportions !
!$ X1PRIM(i) = !
!$ CES(X1LAB_O(i)/A1LAB_O(i), X1CAP(i)/A1CAP(i), X1LND(i)/A1LND(i)) !
Coefficient
(**parameter**)(**all**,i,IND) SIGMA1OUT(i) # CET transformation elasticities #;
Read SIGMA1OUT **from file** BASEDATA **header** "SCET";
Equation E_q1 # Supplies of commodities by industries #
(**all**,c,COM)(**all**,i,IND)
q1(c,i) = x1tot(i) + SIGMA1OUT(i)*[pq1(c,i) - p1tot(i)];
Coefficient
(**all**,i,IND) MAKE_C(i) # All production by industry i #;
(**all**,c,COM) MAKE_I(c) # Total production of commodities #;
Formula
(**all**,i,IND) MAKE_C(i) = **sum**{c,COM, MAKE(c,i)};
(**all**,c,COM) MAKE_I(c) = **sum**{i,IND, MAKE(c,i)};
Equation E_x1tot # Average price received by industries #
(**all**,i,IND) p1tot(i) = **sum**{c,COM, [MAKE(c,i)/MAKE_C(i)]*pq1(c,i)};
/********************************!
! ORANIG assumes that, for example, Wheat produced by Industry 1
is a perfect substitute for Wheat produced by Industry 2 !
Equation
E_pq1 # Each industry gets the same price for a given commodity #
(**all**,c,COM)(**all**,i,IND) pq1(c,i) = p0com(c);
E_x0com # Total output of commodities (as simple addition) #
(**all**,c,COM) x0com(c) = **sum**{i,IND, [MAKE(c,i)/MAKE_I(c)]*q1(c,i)};
! The perfect substitute assumption causes problems when we have two industries
just producing the same commodity, and neither industry has a fixed factor.
EG, in a long-run closure with mobile capital, and two electricity industries
(say, nuclear and coal-fired) both making electric power. The model will
find it hard to decide what proportion of generation should be nuclear.
In such a case, the previous two equations could be commented out and
replaced with the next two equations, which allow (for example) nuclear
electricity to be an imperfect substitute for coal-fired electricity. !
/********************************!
![[!
Coefficient (parameter)(all,c,COM) CESMAKE(c) # Inter-MAKE Elasticities #;
Read CESMAKE from file BASEDATA header "CMAK"; ! could have values like 5.0 !
Equation E_pq1 # Demands for commodities from industries #
(all,c,COM)(all,i,IND) q1(c,i) = x0com(c) - CESMAKE(c)*[pq1(c,i) - p0com(c)];
Equation E_x0com # Total output of commodities (as CES quantity index) #
(all,c,COM) x0com(c) = sum{i,IND, [MAKE(c,i)/MAKE_I(c)]*q1(c,i)};!
! for low values [<1] of CESMAKE use next equation instead of above !
!(all,c,COM) MAKE_I(c)*p0com(c) = sum{i,IND, MAKE(c,i)*pq1(c,i)};! !]]!
/********************************!
! Excerpt 13 of TABLO input file: !
! CET between outputs for local and export markets !
Variable
(**all**,c,COM) x0dom(c) # Output of commodities for local market #;
Coefficient
(**all**, c,COM) EXPSHR(c) # Share going to exports #;
(**all**, c,COM) TAU(c) # 1/Elast. of transformation, exportable/locally used #;
Zerodivide default 0.5;
Formula
(**all**,c,COM) EXPSHR(c) = V4BAS(c)/MAKE_I(c);
(**all**,c,COM) TAU(c) = 0.0; ! if zero, p0dom = pe, and CET is nullified !
Zerodivide off;
Equation E_x0dom # Supply of commodities to export market #

(**all**,c,COM) TAU(c)*[x0dom(c) - x4(c)] = p0dom(c) - pe(c);
Equation E_pe # Supply of commodities to domestic market #
(**all**,c,COM) x0com(c) = [1.0-EXPSHR(c)]*x0dom(c) + EXPSHR(c)*x4(c);
Equation E_p0com # Zero pure profits in transformation #
(**all**,c,COM) p0com(c) = [1.0-EXPSHR(c)]*p0dom(c) + EXPSHR(c)*pe(c);

! Excerpt 14 of TABLO input file: !
! Investment demands !
Variable
(**all**,c,COM)(**all**,i,IND) x2_s(c,i) # *Investment use of imp/dom composite* #;
(**all**,c,COM)(**all**,i,IND) p2_s(c,i) # *Price, investment imp/dom composite* #;
(**all**,c,COM)(**all**,s,SRC)(**all**,i,IND) a2(c,s,i) # *Investment basic tech change* #;
Coefficient
(**parameter**) (**all**,c,COM) SIGMA2(c) # *Armington elasticities: investment* #;
Read SIGMA2 **from file** BASEDATA **header** "2ARM";
Coefficient *! Source Shares in Flows at Purchaser's prices !*
(**all**,c,COM)(**all**,i,IND) V2PUR_S(c,i) # *Dom+imp investment purch. value* #;
(**all**,c,COM)(**all**,s,SRC)(**all**,i,IND) S2(c,s,i) # *Investment source shares* #;
Zerodivide default 0.5;
Formula
(**all**,c,COM)(**all**,i,IND) V2PUR_S(c,i) = **sum**{s,SRC, V2PUR(c,s,i)};
(**all**,c,COM)(**all**,s,SRC)(**all**,i,IND) S2(c,s,i) = V2PUR(c,s,i) / V2PUR_S(c,i);
Zerodivide off;
Equation E_x2 # *Source-specific commodity demands* #
(**all**,c,COM)(**all**,s,SRC)(**all**,i,IND)
x2(c,s,i)-a2(c,s,i) - x2_s(c,i) = - SIGMA2(c)*[p2(c,s,i)+a2(c,s,i) - p2_s(c,i)];

Equation E_p2_s # *Effective price of commodity composite* #
(**all**,c,COM)(**all**,i,IND)
p2_s(c,i) = **sum**{s,SRC, S2(c,s,i)*[p2(c,s,i)+a2(c,s,i)]};
! Investment top nest !
*!$ X2TOT(i) = MIN(All,c,COM: X2_S(c,i)/[A2_S(c,s,i)*A2TOT(i)]) !*
Variable
(**all**,i,IND) a2tot(i)   # *Neutral technical change - investment* #;
(**all**,i,IND) p2tot(i)   # *Cost of unit of capital* #;
(**all**,i,IND) x2tot(i)   # *Investment by using industry* #;
(**all**,c,COM)(**all**,i,IND) a2_s(c,i) # *Tech change, investment imp/dom composite* #;
Coefficient (**all**,i,IND) V2TOT(i) # *Total capital created for industry i* #;
Formula   (**all**,i,IND) V2TOT(i) = **sum**{c,COM, V2PUR_S(c,i)};
Equation
E_x2_s (**all**,c,COM)(**all**,i,IND) x2_s(c,i) - [a2_s(c,i) + a2tot(i)] = x2tot(i);
E_p2tot (**all**,i,IND) p2tot(i)
= **sum**{c,COM, (V2PUR_S(c,i)/**ID01**[V2TOT(i)])*[p2_s(c,i) +a2_s(c,i) +a2tot(i)]};
!$ X2_S(c,i) = CES(All,s,SRC: X2(c,s,i)/A2(c,s,i)) !
! Excerpt 15 of TABLO input file: !
! Import/domestic composition of household demands !
!$ X3_S(c,i) = CES(All,s,SRC: X3(c,s)/A3(c,s)) !
Variable
(**all**,c,COM)(**all**,s,SRC) a3(c,s) # *Household basic taste change* #;
(**all**,c,COM)   x3_s(c) # *Household use of imp/dom composite* #;
(**all**,c,COM)   p3_s(c) # *Price, household imp/dom composite* #;
Coefficient
(**parameter**)(**all**,c,COM) SIGMA3(c) # *Armington elasticities: households* #;
Read SIGMA3 **from file** BASEDATA **header** "3ARM";
Coefficient *! Source Shares in Flows at Purchaser's prices !*
(**all**,c,COM)   V3PUR_S(c) # *Dom+imp households purch. value* #;
(**all**,c,COM)(**all**,s,SRC) S3(c,s) # *Household source shares* #;
Zerodivide default 0.5;
Formula
(**all**,c,COM)   V3PUR_S(c) = **sum**{s,SRC, V3PUR(c,s)};
(**all**,c,COM)(**all**,s,SRC) S3(c,s) = V3PUR(c,s) / V3PUR_S(c);
Zerodivide off;
Equation E_x3 # *Source-specific commodity demands* #
(**all**,c,COM)(**all**,s,SRC)
x3(c,s)-a3(c,s) = x3_s(c) - SIGMA3(c)*[p3(c,s)+a3(c,s) - p3_s(c)];
Equation E_p3_s # *Effective price of commodity composite* #
(**all**,c,COM) p3_s(c) = **sum**{s,SRC, S3(c,s)*[p3(c,s)+a3(c,s)]};
! Excerpt 16 of TABLO input file: !
! Household demands for composite commodities !
Variable   p3tot # *Consumer price index* #;
        x3tot # *Real household consumption* #;
        w3lux # *Total nominal supernumerary household expenditure* #;
        w3tot # *Nominal total household consumption* #;
        q # *Number of households* #;
        utility # *Utility per household* #;
(**all**,c,COM) x3lux(c) # *Household - supernumerary demands* #;
(**all**,c,COM) x3sub(c) # *Household - subsistence demands* #;

(**all**,c,COM) a3lux(c) # *Taste change, supernumerary demands* #;
(**all**,c,COM) a3sub(c) # *Taste change, subsistence demands* #;
(**all**,c,COM) a3_s(c) # *Taste change, household imp/dom composite* #;
Coefficient
   V3TOT # *Total purchases by households* #;
   FRISCH # *Frisch LES 'parameter' = - (total/luxury)* #;
(**all**,c,COM) EPS(c) # *Household expenditure elasticities* #;
(**all**,c,COM) S3_S(c) # *Household average budget shares* #;
(**all**,c,COM) B3LUX(c) # *Ratio, (supernumerary expenditure/total expenditure)* #;
(**all**,c,COM) S3LUX(c) # *Marginal household budget shares* #;
   EPSTOT # *Average Engel elasticity: should = 1* #;
Read FRISCH **from file** BASEDATA **header** *"P021"*;
  EPS **from file** BASEDATA **header** *"XPEL"*;
Update (change) FRISCH = FRISCH*[w3tot - w3lux]/100.0;
  (**change**)(**all**,c,COM) EPS(c) = EPS(c)*[x3lux(c)-x3_s(c)+w3tot-w3lux]/100.0;
Formula
   V3TOT = **sum**{c,COM, V3PUR_S(c)};
 (**all**,c,COM) S3_S(c) = V3PUR_S(c)/V3TOT;
   EPSTOT = **sum**{c,COM, S3_S(c)*EPS(c)};
! *Below is optional and slightly unorthodox: EPS is reinitialized to scaled*
 value; otherwise EPS values drift in many-period simulation !
(**initial**)(**all**,c,COM) EPS(c) = EPS(c)/EPSTOT; ! *ensure average EPS=1* !
(**all**,c,COM) B3LUX(c) = EPS(c)/**ABS**[FRISCH]; ! *initial sign of Frisch ignored* !
(**all**,c,COM) S3LUX(c) = EPS(c)*S3_S(c);
Write S3LUX **to file** SUMMARY **header** *"LSHR"*;
  S3_S **to file** SUMMARY **header** *"CSHR"*;
Equation
E_x3sub # *Subsistence demand for composite commodities* #
 (**all**,c,COM) x3sub(c) = q + a3sub(c);
E_x3lux # *Luxury demand for composite commodities* #
 (**all**,c,COM) x3lux(c) + p3_s(c) = w3lux + a3lux(c);
E_x3_s # *Total household demand for composite commodities* #
 (**all**,c,COM) x3_s(c) = B3LUX(c)*x3lux(c) + [1-B3LUX(c)]*x3sub(c);
E_utility # *Change in utility disregarding taste change terms* #
utility + q = **sum**{c,COM, S3LUX(c)*x3lux(c)};
E_a3lux # *Default setting for luxury taste shifter* #
 (**all**,c,COM) a3lux(c) = a3sub(c) - **sum**{k,COM, S3LUX(k)*a3sub(k)};
E_a3sub # *Default setting for subsistence taste shifter* #
 (**all**,c,COM) a3sub(c) = a3_s(c) - **sum**{k,COM, S3_S(k)*a3_s(k)};
E_x3tot # *Real consumption* #
 x3tot = **sum**{c,COM, **sum**{s,SRC, [V3PUR(c,s)/V3TOT]*x3(c,s)}};
E_p3tot # *Consumer price index* #
 p3tot = **sum**{c,COM, **sum**{s,SRC, [V3PUR(c,s)/V3TOT]*p3(c,s)}};
E_w3tot # *Household budget constraint: determines w3lux* #
 w3tot = x3tot + p3tot;
! *Excerpt 17 of TABLO input file:* !
! *Export demands* !
Coefficient
(**parameter**)(**all**,c,COM) IsIndivExp(c) # *>0.5 For individual export commodities* #;
Read IsIndivExp **from file** BASEDATA **header** *"ITEX"*;
! *This way of defining a set facilitates aggregation of the data base* !
Set TRADEXP # *Individual export commodities* # = (**all**,c,COM: IsIndivExp(c)>0.5);
Write (Set) TRADEXP **to file** SUMMARY **header** *"TEXP"*;
Variable
   phi # *Exchange rate, local currency/$world* #;
(**all**,c,COM) f4p(c) # *Price (upward) shift in export demand schedule* #;
 (**all**,c,COM) f4q(c) # *Quantity (right) shift in export demands* #;
Coefficient (parameter)(**all**,c,COM) EXP_ELAST(c)
Export demand elasticities: typical value -5.0 #;
Read EXP_ELAST **from file** BASEDATA **header** *"P018"*;
Equation E_x4A # *Individual export demand functions* #
(**all**,c,TRADEXP) x4(c) - f4q(c) = -**ABS**[EXP_ELAST(c)]*[p4(c) - phi - f4p(c)];
! *note: ABS function above fixes common mistake: positive EXP_ELAST values* !
Set NTRADEXP # *Collective Export Commodities* # = COM - TRADEXP;
Write (Set) NTRADEXP **to file** SUMMARY **header** *"NTXP"*;
Variable
x4_ntrad # *Quantity, collective export composite* #;
f4p_ntrad # *Uniform upward (price) demand shift for collective exports* #;
f4q_ntrad # *Uniform right (quantity) demand shift for collective exports* #;
p4_ntrad # *Average price of collective exports* #;

Coefficient V4NTRADEXP # *Total collective export earnings* #;
Formula   V4NTRADEXP = **sum**{c,NTRADEXP, V4PUR(c)};
Equation E_X4B # *Collective export demand functions* #
(**all**,c,NTRADEXP) x4(c) - f4q(c) = x4_ntrad;
!NB: *if f4q(c) shocked, x4_ntrad is not total of the collective x4* !
Equation E_p4_ntrad # *Average price of collective exports* #
    [TINY+V4NTRADEXP]*p4_ntrad = **sum**{c,NTRADEXP, V4PUR(c)*p4(c)};
Coefficient (parameter) EXP_ELAST_NT # *Collective export demand elasticity* #;
Read EXP_ELAST_NT **from file** BASEDATA **header** "EXNT";
Equation E_x4_ntrad # *Demand for collective export composite* #
    x4_ntrad - f4q_ntrad = -**ABS**[EXP_ELAST_NT]*[p4_ntrad - phi - f4p_ntrad];
! *Excerpt 18 of TABLO input file:* !
! *Government and inventory demands* !
Variable
f5tot # *Overall shift term for government demands* #;
f5tot2 # *Ratio between f5tot and x3tot* #;
(**all**,c,COM)(**all**,s,SRC) f5(c,s) # *Government demand shift* #;
(**change**) (**all**,c,COM)(**all**,s,SRC) fx6(c,s)   # *Shifter on rule for stocks* #;
Equation
E_x5 # *Government demands* # (**all**,c,COM)(**all**,s,SRC) x5(c,s) = f5(c,s) + f5tot;
E_f5tot # *Overall government demands shift* # f5tot = x3tot + f5tot2;
! *note: normally ONE of f5tot and f5tot2 is exogenous*
f5tot2 exogenous gives x5(c,s) = f5(c,s) + x3tot ...gov follows hou
f5tot exogenous gives x5(c,s) = f5(c,s) + f5tot ...gov exog !

Coefficient (**all**,c,COM)(**all**,s,SRC) LEVP0(c,s) # *Levels basic prices* #;
Formula (initial) (**all**,c,COM)(**all**,s,SRC) LEVP0(c,s) = 1; ! *arbitrary setting* !
Update   (**all**,c,COM)(**all**,s,SRC) LEVP0(c,s) = p0(c,s);
Equation
E_delx6 # *Stocks follow domestic output* # (**all**,c,COM)(**all**,s,SRC)
100*LEVP0(c,s)*delx6(c,s) = V6BAS(c,s)*x0com(c) + fx6(c,s);
E_delV6 # *Update formula for stocks* #   (**all**,c,COM)(**all**,s,SRC)
delV6(c,s) = 0.01*V6BAS(c,s)*p0(c,s) + LEVP0(c,s)*delx6(c,s);
! *Excerpt 19 of TABLO input file:* !

! *Margin demands* !
! *Excerpt 20 of TABLO input file:* !
! *Sales Aggregates* !
!**Coefficient** (all,c,COM) MARSALES(c) # *Total usage for margins purposes* #;
Formula
(**all**,n,NONMAR) MARSALES(n) = 0.0;
(**all**,m,MAR)   MARSALES(m) = sum{c,COM, V4MAR(c,m) +
            sum{s,SRC, V3MAR(c,s,m) + V5MAR(c,s,m) +
            sum{i,IND, V1MAR(c,s,i,m) + V2MAR(c,s,i,m)}}};!

!**Set** DEST # *Sale Categories* #
(Interm, Invest, HouseH, Export, GovGE, Stocks)!!, Margins);!
Coefficient (**all**,c,COM)(**all**,s,SRC)(**all**,d,DEST) SALE(c,s,d) # *Sales aggregates* #;
Formula
!(all,c,COM)(all,s,SRC) SALE(c,s, "Interm")   = sum{i,IND, V1BAS(c,s,i)};!
(**all**,n,NEN)(**all**,s,SRC) SALE(n,s,"Interm")   = **sum**{i,IND, V1BAS(n,s,i)};
(**all**,e,ENE)(**all**,s,SRC) SALE(e,s,"Interm")   = **sum**{i,IND, V7BAS(e,s,i)};
(**all**,c,COM)(**all**,s,SRC) SALE(c,s,"Invest")   = **sum**{i,IND, V2BAS(c,s,i)};
(**all**,c,COM)(**all**,s,SRC) SALE(c,s, "HouseH")   = V3BAS(c,s);
(**all**,c,COM)   SALE(c,"dom","Export") = V4BAS(c);
(**all**,c,COM)   SALE(c,"imp","Export") = 0;
(**all**,c,COM)(**all**,s,SRC) SALE(c,s,"GovGE")   = V5BAS(c,s);
(**all**,c,COM)(**all**,s,SRC) SALE(c,s,"Stocks")   = V6BAS(c,s);
!(all,c,COM)   SALE(c,"dom","Margins") = MARSALES(c);
(all,c,COM)   SALE(c,"imp","Margins") = 0;!
Write SALE **to file** SUMMARY **header** "SALE";
Coefficient (**all**,c,COM) V0IMP(c) # *Total basic-value imports of good c* #;
Formula   (**all**,c,COM) V0IMP(c) = **sum**{d,DEST, SALE(c,"imp",d)}!+ TINY!;
Coefficient (**all**,c,COM) SALES(c) # *Total sales of domestic commodities* #;
Formula   (**all**,c,COM) SALES(c) = **sum**{d,DEST, SALE(c,"dom",d)}!+ TINY!;
Coefficient (**all**,c,COM) DOMSALES(c) # *Total sales to local market* #;
Formula   (**all**,c,COM) DOMSALES(c) = SALES(c) - V4BAS(c);
! *Excerpt 21 of TABLO input file:* !
! *Market clearing equations* !
Variable (change)
(**all**,c,COM)(**all**,s,SRC)(**all**,d,DEST) delSale(c,s,d) # *Sales aggregates* #;

Equation

!E_delSaleA (all,c,COM)(all,s,SRC) delSale(c,s,"Interm") =
0.01*sum{i,IND,V1BAS(c,s,i)*x1(c,s,i)};!
E_delSaleA1 (**all**,n,NEN)(**all**,s,SRC) delSale(n,s,"Interm") =
0.01***sum**{i,IND,V1BAS(n,s,i)*x1(n,s,i)};

E_delSaleA2 (**all**,e,ENE)(**all**,s,SRC) delSale(e,s,"Interm") =
0.01***sum**{i,IND,V7BAS(e,s,i)*x7(e,s,i)};
E_delSaleB (**all**,c,COM)(**all**,s,SRC) delSale(c,s,"Invest") =
0.01***sum**{i,IND,V2BAS(c,s,i)*x2(c,s,i)};
E_delSaleC (**all**,c,COM)(**all**,s,SRC) delSale(c,s,"HouseH")=0.01*V3BAS(c,s)*x3(c,s);
E_delSaleD (**all**,c,COM)　　　delSale(c,"dom","Export")=0.01*V4BAS(c)*x4(c);
E_delSaleE (**all**,c,COM)　　　delSale(c,"imp","Export")= 0;
E_delSaleF (**all**,c,COM)(**all**,s,SRC) delSale(c,s,"GovGE") =0.01*V5BAS(c,s)*x5(c,s);
E_delSaleG (**all**,c,COM)(**all**,s,SRC) delSale(c,s,"Stocks") = LEVP0(c,s)*delx6(c,s);
!E_delSaleH (all,m,MAR)　　delSale(m,"dom","Margins") = 0.01*
sum{c,COM, V4MAR(c,m)*x4mar(c,m)　! !note nesting of sum parentheses !
!+ sum{s,SRC, V3MAR(c,s,m)*x3mar(c,s,m) + V5MAR(c,s,m)*x5mar(c,s,m)
+ sum{i,IND, V1MAR(c,s,i,m)*x1mar(c,s,i,m) + V2MAR(c,s,i,m)*x2mar(c,s,i,m)}}}};
E_delSaleI (all,n,NONMAR)　　delSale(n,"dom","Margins") = 0;
E_delSaleJ (all,c,COM)　　　delSale(c,"imp","Margins") = 0;!
Set LOCUSER # *Non-export users* #(Interm, Invest, HouseH, GovGE, Stocks)
!,Margins)!;
Subset LOCUSER **is subset of** DEST;
Equation E_p0A # *Supply = Demand for domestic commodities* #
(**all**,c,COM) 0.01*[TINY+DOMSALES(c)]*x0dom(c) =sum{u,LOCUSER,delSale(c,"dom",u)};
Variable (**all**,c,COM) x0imp(c)　　# *Total supplies of imported goods* #;
Equation E_x0imp # *Import volumes* #
(**all**,c,COM) 0.01*[TINY+V0IMP(c)]*x0imp(c) = **sum**{u,LOCUSER,delSale(c,"imp",u)};
! Excerpt 22 of TABLO input file: !
! Purchasers prices !
Variable　*! Powers of Commodity Taxes on Basic Flows !*
!(all,c,COM)(all,s,SRC)(all,i,IND) t1(c,s,i) # Power of tax on intermediate #;!
(**all**,n,NEN)(**all**,s,SRC)(**all**,i,IND) t1(n,s,i) # *Power of tax on intermediate* #;
(**all**,e,ENE)(**all**,s,SRC)(**all**,i,IND) t7(e,s,i) # *Power of tax on Energy* #;
(**all**,c,COM)(**all**,s,SRC)(**all**,i,IND) t2(c,s,i) # *Power of tax on investment* #;
(**all**,c,COM)(**all**,s,SRC)　　t3(c,s)　# *Power of tax on household* #;
(**all**,c,COM)　　　　t4(c)　# *Power of tax on export* #;
(**all**,c,COM)(**all**,s,SRC)　　t5(c,s)　# *Power of tax on government* #;
Equation E_p1 # *Purchasers prices - producers* #
!(all,c,COM)(all,s,SRC)(all,i,IND)
[V1PUR(c,s,i)+TINY]*p1(c,s,i) =
[V1BAS(c,s,i)+V1TAX(c,s,i)]*[p0(c,s)+ t1(c,s,i)]
!! + sum{m,MAR, V1MAR(c,s,i,m)*[p0dom(m)+a1mar(c,s,i,m)]}!
(**all**,n,NEN)(**all**,s,SRC)(**all**,i,IND)
ID01[V1PUR(n,s,i)]*p1(n,s,i) =
[V1BAS(n,s,i)+V1TAX(n,s,i)]*[p0(n,s)+ t1(n,s,i)];
Equation E_p7 # *Purchasers prices - producers* #
(**all**,p,coo)(**all**,s,SRC)(**all**,i,IND)
ID01[V7PUR(p,s,i)]*p7(p,s,i) =
[V7BAS(p,s,i)+V7TAX(p,s,i)]*[p0(p,s)+ t7(p,s,i)+t7So2(p)+t7Co2(p)];*!+t7No2(r)]!*
Equation E_p7g # *Purchasers prices - producers* #
(**all**,s,SRC)(**all**,i,IND)
ID01[V7PUR("gas",s,i)]*p7("gas",s,i) =
[V7BAS("gas",s,i)-V7TAX("gas",s,i)]*[p0("gas",s)- t7("gas",s,i)];
Equation E_p7a # *Purchasers prices - producers* #
(**all**,h,cba)(**all**,s,SRC)(**all**,i,IND)
ID01[V7PUR(h,s,i)]*p7(h,s,i) =
[V7BAS(h,s,i)+V7TAX(h,s,i)]
*[p0(h,s)+ t7(h,s,i)];
Equation E_p7s # *Purchasers prices - producers* #
(**all**,b,ren)(**all**,s,SRC)(**all**,i,IND)
ID01[V7PUR(b,s,i)]*p7(b,s,i) =
[V7BAS(b,s,i)-V7TAX(b,s,i)]*[p0(b,s)- t7(b,s,i)];
Equation E_p2 # *Purchasers prices - capital creators* #
(**all**,g,ABC)(**all**,s,SRC)(**all**,i,IND)
[V2PUR(g,s,i)+TINY]*p2(g,s,i) =
[V2BAS(g,s,i)+V2TAX(g,s,i)]*[p0(g,s)+ t2(g,s,i)]*!+t2So2(c)+t2Co2(c)!*
! + sum{m,MAR, V2MAR(c,s,i,m)*[p0dom(m)+a2mar(c,s,i,m)]}!;
Equation E_p2g # *Purchasers prices - capital creators* #
(**all**,s,SRC)(**all**,i,IND)

[V2PUR(*"gas"*,s,i)+TINY]*p2(*"gas"*,s,i) =
[V2BAS(*"gas"*,s,i)-V2TAX(*"gas"*,s,i)]*[p0(*"gas"*,s)- t2(*"gas"*,s,i)];
Equation E_p2s # *Purchasers prices - capital creators* #
(**all**,b,ren)(**all**,s,SRC)(**all**,i,IND)
[V2PUR(b,s,i)+TINY]*p2(b,s,i) =
[V2BAS(b,s,i)-V2TAX(b,s,i)]*[p0(b,s)- t2(b,s,i)];
Equation E_p3n # *Purchasers prices - households* #
(**all**,n,NEN)(**all**,s,SRC)
[V3PUR(n,s)+TINY]*p3(n,s) =
[V3BAS(n,s)+V3TAX(n,s)]*[p0(n,s)+ t3(n,s)];
Equation E_p3f # *Purchasers prices - households* #
(**all**,p,coo)(**all**,s,SRC)
[V3PUR(p,s)+TINY]*p3(p,s) =
[V3BAS(p,s)+V3TAX(p,s)]*[p0(p,s)+ t3(p,s)+t3so2(p)+t3Co2(p)]
! + sum{m,MAR, V3MAR(c,s,m)*[p0dom(m)+a3mar(c,s,m)]}!;
Equation E_p3g # *Purchasers prices - households* #
(**all**,s,SRC)
[V3PUR(*"gas"*,s)+TINY]*p3(*"gas"*,s) =
[V3BAS(*"gas"*,s)-V3TAX(*"gas"*,s)]*[p0(*"gas"*,s)- t3(*"gas"*,s)];
Equation E_p3b # *Purchasers prices - households* #
(**all**,h,cba)(**all**,s,SRC)
[V3PUR(h,s)+TINY]*p3(h,s) =
[V3BAS(h,s)+V3TAX(h,s)]
*[p0(h,s)+ t3(h,s)];
Equation E_p3s # *Purchasers prices - households* #
(**all**,b,ren)(**all**,s,SRC)
[V3PUR(b,s)+TINY]*p3(b,s) =
[V3BAS(b,s)-V3TAX(b,s)]*[p0(b,s)- t3(b,s)];
Equation E_p4 # *Zero pure profits in exporting* #
(**all**,c,COM)
[V4PUR(c)+TINY]*p4(c) =
[V4BAS(c)+V4TAX(c)]*[pe(c)+ t4(c)]
!+ sum{m,MAR, V4MAR(c,m)*[p0dom(m)+a4mar(c,m)]}!;
! *note that we refer to export taxes,not subsidies* !

Equation E_p5 # *Zero pure profits in distribution to government* #
(**all**,g,ABC)(**all**,s,SRC)
[V5PUR(g,s)+TINY]*p5(g,s) =
[V5BAS(g,s)+V5TAX(g,s)]*[p0(g,s)+ t5(g,s)]
! + sum{m,MAR, V5MAR(c,s,m)*[p0dom(m)+a5mar(c,s,m)]}!;
Equation E_p5g # *Zero pure profits in distribution to government* #
(**all**,s,SRC)
[V5PUR(*"gas"*,s)+TINY]*p5(*"gas"*,s) =
[V5BAS(*"gas"*,s)-V5TAX(*"gas"*,s)]*[p0(*"gas"*,s)- t5(*"gas"*,s)]
! + sum{m,MAR, V5MAR(c,s,m)*[p0dom(m)+a5mar(c,s,m)]}!;
Equation E_p5s # *Zero pure profits in distribution to government* #
(**all**,b,ren)(**all**,s,SRC)
[V5PUR(b,s)+TINY]*p5(b,s) =
[V5BAS(b,s)-V5TAX(b,s)]*[p0(b,s)- t5(b,s)];
! *alternate form*
Equation E_p5q # *Zero pure profits in distribution of government* #
(all,c,COM)(all,s,SRC)
*[V5PUR(c,s)+TINY]*p5(c,s) =[V5BAS(c,s)+V5TAX(c,s)]*p0(c,s)*
*+ 100*V5BAS(c,s)*delt5(c,s)*
+ sum{m,MAR, V5MAR(c,s,m)[p0dom(m)+a5mar(c,s,m)]};* !
! *Excerpt 23 of TABLO input file:* !
! *Tax rate equations* !
Variable
!*f1tax_csi* # *Uniform % change in powers of taxes on intermediate usage* #;!
f1tax_csi # *Uniform % change in powers of taxes on intermediate usage* #;
f7tax_csi # *Uniform % change in powers of taxes on Energy usage* #;
f7sub_csi;f7sub_hyd;f2sub_csi;f3sub_cs;f5sub_cs;
f7tax_gas;f2tax_gas;f3tax_gas;f5tax_gas;
f2tax_csi # *Uniform % change in powers of taxes on investment* #;
f3tax_cs # *Uniform % change in powers of taxes on household usage* #;
f4tax_ntrad # *Uniform % change in powers of taxes on nontradtnl exports* #;
f4tax_trad # *Uniform % change in powers of taxes on tradtnl exports* #;
f5tax_cs # *Uniform % change in powers of taxes on government usage* #;
(**all**,c,COM) f0tax_s(c) # *General sales tax shifter* #;
Equation
!*E_t1* # *Power of tax on sales to intermediate* #

```
(all,c,COM)(all,s,SRC)(all,i,IND) t1(c,s,i) = f0tax_s(c) + f1tax_csi;!
E_t1 # Power of tax on sales to intermediate #
 (all,n,NEN)(all,s,SRC)(all,i,IND) t1(n,s,i) = f0tax_s(n) + f1tax_csi;
E_t7 # Power of tax on sales to Energy #
 (all,r,nre)(all,s,SRC)(all,i,IND) t7(r,s,i) = f0tax_s(r) + f7tax_csi;
E_t7g # Power of tax on sales to Energy #
 (all,s,SRC)(all,i,IND) t7("gas",s,i) = f0tax_s("gas") + f7tax_gas;

E_s7
 (all,z,out)(all,s,SRC)(all,i,IND) t7(z,s,i) = f0tax_s(z) + f7sub_csi;
E_sh
 (all,s,SRC)(all,i,IND) t7("hydro",s,i) = f0tax_s("hydro") + f7sub_hyd;
!E_t7a
 (all,s,SRC)(all,i,IND) t7("hydropow",s,i) = f0tax_s("hydropow") + f7tax_csi;
E_t7b
 (all,s,SRC)(all,i,IND) t7("clearpow",s,i) = f0tax_s("clearpow") + f7tax_csi;
E_s7
 (all,s,SRC)(all,i,IND) t7("windpow",s,i) = f0tax_s("windpow") + f7sub_csi;!
E_t2 # Power of tax on sales to investment #
 (all,g,ABC)(all,s,SRC)(all,i,IND) t2(g,s,i) = f0tax_s(g) + f2tax_csi;
E_t2g # Power of tax on sales to investment #
 (all,s,SRC)(all,i,IND) t2("gas",s,i) = f0tax_s("gas") + f2tax_gas;
E_s2 # Power of tax on sales to investment #
 (all,b,ren)(all,s,SRC)(all,i,IND) t2(b,s,i) = f0tax_s(b) + f2sub_csi;
E_t3 # Power of tax on sales to households #
 (all,g,ABC)(all,s,SRC) t3(g,s) = f0tax_s(g) + f3tax_cs;
E_t3g # Power of tax on sales to households #
 (all,s,SRC) t3("gas",s) = f0tax_s("gas") + f3tax_gas;
E_s3 # Power of tax on sales to households #
 (all,b,ren)(all,s,SRC) t3(b,s) = f0tax_s(b) + f3sub_cs;
E_t4A # Power of tax on sales to individual exports #
 (all,c,TRADEXP) t4(c) = f0tax_s(c) + f4tax_trad;
E_t4B # Power of tax on sales to collective exports #
 (all,c,NTRADEXP) t4(c) =
f0tax_s(c) + f4tax_ntrad;
E_t5 # Power of tax on sales to government #
 (all,g,ABC)(all,s,SRC) t5(g,s) = f0tax_s(g) + f5tax_cs;
E_t5g # Power of tax on sales to government #
 (all,s,SRC) t5("gas",s) = f0tax_s("gas") + f5tax_gas;
E_s5 # Power of tax on sales to government #
 (all,b,ren)(all,s,SRC) t5(b,s) = f0tax_s(b) + f5sub_cs;
! Excerpt 24 of TABLO input file: !
! Update formulae for commodity taxes !
Equation
!E_delV1TAX (all,c,COM)(all,s,SRC)(all,i,IND)
 delV1TAX(c,s,i) = 0.01*V1TAX(c,s,i)* [x1(c,s,i) + p0(c,s)] +
  0.01*[V1BAS(c,s,i)+V1TAX(c,s,i)]*t1(c,s,i);!
E_delV1TAX (all,n,NEN)(all,s,SRC)(all,i,IND)
 delV1TAX(n,s,i) = 0.01*V1TAX(n,s,i)* [x1(n,s,i) + p0(n,s)] +
  0.01*[V1BAS(n,s,i)+V1TAX(n,s,i)]*[t1(n,s,i)];
E_delV7TAX (all,p,coo)(all,s,SRC)(all,i,IND)
 delV7TAX(p,s,i) = 0.01*V7TAX(p,s,i)* [x7(p,s,i) + p0(p,s)] +
  0.01*[V7BAS(p,s,i)+V7TAX(p,s,i)]*[t7(p,s,i)+t7so2(p)+t7Co2(p)]!+t7No2(r)]!;
E_delV7TAXg (all,s,SRC)(all,i,IND)
 delV7TAX("gas",s,i) = 0.01*V7TAX("gas",s,i)* [x7("gas",s,i) + p0("gas",s)] +
  0.01*[V7BAS("gas",s,i)-V7TAX("gas",s,i)]*[t7("gas",s,i)];
E_delV7TAXa (all,h,cba)(all,s,SRC)(all,i,IND)
 delV7TAX(h,s,i) =
0.01*V7TAX(h,s,i)* [x7(h,s,i) + p0(h,s)] +
0.01*[V7BAS(h,s,i)+V7TAX(h,s,i)]*t7(h,s,i);
E_delV7TAXS (all,b,ren)(all,s,SRC)(all,i,IND)
 delV7TAX(b,s,i) = 0.01*V7TAX(b,s,i)* [x7(b,s,i) + p0(b,s)] +
  0.01*[V7BAS(b,s,i)-V7TAX(b,s,i)]*t7(b,s,i);
E_delV2TAX (all,g,ABC)(all,s,SRC)(all,i,IND)
 delV2TAX(g,s,i)= 0.01*V2TAX(g,s,i)* [x2(g,s,i) + p0(g,s)] +
  0.01*[V2BAS(g,s,i)+V2TAX(g,s,i)]*t2(g,s,i);
E_delV2TAXg (all,s,SRC)(all,i,IND)
 delV2TAX("gas",s,i)= 0.01*V2TAX("gas",s,i)* [x2("gas",s,i) + p0("gas",s)] +
  0.01*[V2BAS("gas",s,i)-V2TAX("gas",s,i)]*t2("gas",s,i);
E_delV2TAXs (all,b,ren)(all,s,SRC)(all,i,IND)
 delV2TAX(b,s,i)= 0.01*V2TAX(b,s,i)* [x2(b,s,i) + p0(b,s)] +
```

0.01*[V2BAS(b,s,i)-V2TAX(b,s,i)]*t2(b,s,i);
E_delV3TAXn (**all**,n,NEN)(**all**,s,SRC)
 delV3TAX(n,s) = 0.01*V3TAX(n,s)* [x3(n,s) + p0(n,s)] +
  0.01*[V3BAS(n,s)+V3TAX(n,s)]*t3(n,s);
E_delV3TAXf (**all**,p,coo)(**all**,s,SRC)
 delV3TAX(p,s) = 0.01*V3TAX(p,s)* [x3(p,s) + p0(p,s)] +
  0.01*[V3BAS(p,s)+V3TAX(p,s)]*[t3(p,s)+t3so2(p)+t3Co2(p)];
E_delV3TAXg (**all**,s,SRC)
 delV3TAX("*gas*",s) = 0.01*V3TAX("*gas*",s)* [x3("*gas*",s) + p0("*gas*",s)] +
  0.01*[V3BAS("*gas*",s)-V3TAX("*gas*",s)]*[t3("*gas*",s)];
E_delV3TAXa (**all**,h,cba)(**all**,s,SRC)
 delV3TAX(h,s) =
  0.01*V3TAX(h,s)* [x3(h,s) + p0(h,s)] +
  0.01*[V3BAS(h,s)+V3TAX(h,s)]*t3(h,s);
E_delV3TAXs (**all**,b,ren)(**all**,s,SRC)
 delV3TAX(b,s) = 0.01*V3TAX(b,s)* [x3(b,s) + p0(b,s)] +
  0.01*[V3BAS(b,s)-V3TAX(b,s)]*t3(b,s);
E_delV4TAX (**all**,c,COM)
 delV4TAX(c) = 0.01*V4TAX(c)* [x4(c) + pe(c)] +
  0.01*[V4BAS(c)+V4TAX(c)]*t4(c);
E_delV5TAX (**all**,g,ABC)(**all**,s,SRC)
 delV5TAX(g,s) = 0.01*V5TAX(g,s)*[x5(g,s) + p0(g,s)] +
  0.01*[V5BAS(g,s)+V5TAX(g,s)]*t5(g,s);
E_delV5TAXg (**all**,s,SRC)
 delV5TAX("*gas*",s) = 0.01*V5TAX("*gas*",s)*[x5("*gas*",s) + p0("*gas*",s)] +
  0.01*[V5BAS("*gas*",s)-V5TAX("*gas*",s)]*t5("*gas*",s);
E_delV5TAXs (**all**,b,ren)(**all**,s,SRC)
 delV5TAX(b,s) = 0.01*V5TAX(b,s)*[x5(b,s) + p0(b,s)] +
  0.01*[V5BAS(b,s)-V5TAX(b,s)]*t5(b,s);
! alternate form
E_delV5TAX (all,c,COM)(all,s,SRC)
 *delV5TAX(c,s) = 0.01*V5TAX(c,s)*[x5(c,s) + p0(c,s)] +*
  *V5BAS(c,s)*delt5(c,s); !*
! Excerpt 25 of TABLO input file: !
! Import prices and tariff revenue !
Variable
(**all**,c,COM) pf0cif(c) # *C.I.F. foreign currency import prices* #;
(**all**,c,COM) t0imp(c) # *Power of tariff* #;
Equation E_p0B # *Zero pure profits in importing* #
(**all**,c,COM) p0(c, "*imp*") = pf0cif(c) + phi + t0imp(c);
Equation E_delV0TAR (**all**,c,COM)
 delV0TAR(c) = 0.01*V0TAR(c)*[x0imp(c)+pf0cif(c)+phi] + 0.01*V0IMP(c)*t0imp(c);
! Excerpt 26 of TABLO input file: !
! Indirect tax revenue aggregates !
Coefficient
V1TAX_CSI # *Total intermediate tax revenue* #;
V7TAX_CSI;
V7sub_CSI;V2sub_CSI;V3sub_CS;V5sub_CS;
V7TAX_gas;V2TAX_gas;V3TAX_gas;V5TAX_gas;
V2TAX_CSI # *Total investment tax revenue* #;
V3TAX_CS # *Total households tax revenue* #;
V4TAX_C # *Total export tax revenue* #;
V5TAX_CS # *Total government tax revenue* #;
V0TAR_C # *Total tariff revenue* #;
Formula
!V1TAX_CSI = sum{c,COM, sum{s,SRC, sum{i,IND, V1TAX(c,s,i)}}};!
V1TAX_CSI = **sum**{n,NEN, **sum**{s,SRC, **sum**{i,IND, V1TAX(n,s,i)}}};
V7TAX_CSI = **sum**{r,nre, **sum**{s,SRC, **sum**{i,IND, V7TAX(r,s,i)}}};
V7TAX_gas = **sum**{s,SRC, **sum**{i,IND, V7TAX("*gas*",s,i)}};
V7sub_CSI = **sum**{b,ren, **sum**{s,SRC, **sum**{i,IND, V7TAX(b,s,i)}}};
V2TAX_CSI = **sum**{g,ABC, **sum**{s,SRC, **sum**{i,IND, V2TAX(g,s,i)}}};
V2TAX_gas = **sum**{s,SRC, **sum**{i,IND, V2TAX("*gas*",s,i)}};
V2sub_CSI = **sum**{b,ren, **sum**{s,SRC, **sum**{i,IND, V2TAX(b,s,i)}}};
V3TAX_CS = **sum**{g,ABC, **sum**{s,SRC, V3TAX(g,s)}};
V3TAX_gas = **sum**{s,SRC, V3TAX("*gas*",s)};
V3sub_CS = **sum**{b,ren, **sum**{s,SRC, V3TAX(b,s)}};
V4TAX_C = **sum**{c,COM, V4TAX(c)};
V5TAX_CS = **sum**{g,ABC, **sum**{s,SRC, V5TAX(g,s)}};
V5TAX_gas = **sum**{s,SRC, V5TAX("*gas*",s)};
V5sub_CS = **sum**{b,ren, **sum**{s,SRC, V5TAX(b,s)}};
V0TAR_C = **sum**{c,COM, V0TAR(c)};

Variable
(**change**) delV1tax_csi # *Aggregate revenue from indirect taxes on intermediate* #;
(**change**) delV7tax_csi # *Aggregate revenue from indirect taxes on Energy* #;
(**change**) delV7tax_gas;(**change**)delV2tax_gas;(**change**)delV3tax_gas;
(**change**)delV5tax_gas;
(**change**) delV7sub_csi;
(**change**) delV2sub_csi;
(**change**) delV3sub_cs;
(**change**) delV5sub_cs;
(**change**) delV2tax_csi # *Aggregate revenue from indirect taxes on investment* #;
(**change**) delV3tax_cs # *Aggregate revenue from indirect taxes on households* #;
(**change**) delV4tax_c # *Aggregate revenue from indirect taxes on export* #;
(**change**) delV5tax_cs # *Aggregate revenue from indirect taxes on government* #;
(**change**) delV0tar_c # *Aggregate tariff revenue* #;
Equation
!E_delV1tax_csi delV1tax_csi = sum{c,COM,sum{s,SRC,sum{i,IND, delV1TAX(c,s,i)}}};!
E_delV1tax_csi delV1tax_csi = **sum**{n,NEN,**sum**{s,SRC,**sum**{i,IND, delV1TAX(n,s,i)}}};
E_delV7tax_csi delV7tax_csi = **sum**{r,nre,**sum**{s,SRC,**sum**{i,IND, delV7TAX(r,s,i)}}};
E_delV7tax_gas delV7tax_gas = **sum**{s,SRC,**sum**{i,IND, delV7TAX("gas",s,i)}};
E_delV7sub_csi delV7sub_csi = **sum**{b,ren,**sum**{s,SRC,**sum**{i,IND, delV7TAX(b,s,i)}}};
E_delV2tax_csi delV2tax_csi = **sum**{g,abc,**sum**{s,SRC,**sum**{i,IND, delV2TAX(g,s,i)}}};
E_delV2tax_gas delV2tax_gas = **sum**{s,SRC,**sum**{i,IND, delV2TAX("gas",s,i)}};
E_delV2sub_csi delV2sub_csi = **sum**{b,ren,**sum**{s,SRC,**sum**{i,IND, delV2TAX(b,s,i)}}};
E_delV3tax_cs delV3tax_cs = **sum**{g,abc,**sum**{s,SRC, delV3TAX(g,s)}};
E_delV3tax_gas delV3tax_gas = **sum**{s,SRC, delV3TAX("gas",s)};
E_delV3sub_cs delV3sub_cs = **sum**{b,ren,**sum**{s,SRC, delV3TAX(b,s)}};
E_delV4tax_c delV4tax_c = **sum**{c,COM, delV4TAX(c)};
E_delV5tax_cs delV5tax_cs = **sum**{g,abc,**sum**{s,SRC,delV5TAX(g,s)}};
E_delV5tax_gas delV5tax_gas = **sum**{s,SRC,delV5TAX("gas",s)};
E_delV5sub_cs delV5sub_cs = **sum**{b,ren,**sum**{s,SRC,delV5TAX(b,s)}};
E_delV0tar_c delV0tar_c = **sum**{c,COM, delV0TAR(c)};
! Excerpt 27 of TABLO input file: !
! Factor incomes and GDP !
Coefficient
V1CAP_I # *Total payments to capital* #;
V1LAB_I # *Total payments to labour* #;
!V1LND_I # Total payments to land #;!
V1PTX_I # *Total production tax/subsidy* #;
!V1OCT_I # Total other cost ticket payments #;!
V1PRIM_I # *Total primary factor payments*#;
V0GDPINC # *Nominal GDP from income side* #;
V0TAX_CSI # *Total indirect tax revenue* #;
Formula
V1CAP_I = **sum**{i,IND, V1CAP(i)};
V1LAB_I = **sum**{i,IND, V1LAB(i)};
!V1LND_I = sum{i,IND, V1LND(i)};!
V1PTX_I = **sum**{i,IND, V1PTX(i)};
!V1OCT_I = sum{i,IND, V1OCT(i)};!
V1PRIM_I = V1LAB_I + V1CAP_I *!+ V1LND_I!*;
V0TAX_CSI = V7TAX_CSI+V1TAX_CSI + V2TAX_CSI + V3TAX_CS + V4TAX_C + V5TAX_CS
+ V0TAR_C + *!V1OCT_I +!* V1PTX_I - V7sub_CSI - V2sub_CSI
- V3sub_CS - V5sub_CS-V7sub_CS-V7TAX_gas-V2TAX_gas-V3TAX_gas-V5TAX_gas;
V0GDPINC = V1PRIM_I + V0TAX_CSI;
Variable
w1lab_i # *Aggregate payments to labour* #;
w1cap_i # *Aggregate payments to capital* #;
!w1lnd_i # Aggregate payments to land #;!
w1prim_i # *Aggregate primary factor payments* #;
!w1oct_i # Aggregate "other cost" ticket payments #;!
(**change**) delV1PTX_i # *Ordinary change in all-industry production tax revenue* #;
(**change**) delV0tax_csi # *Aggregate revenue from all indirect taxes* #;
w0tax_csi # *Aggregate revenue from all indirect taxes* #;
w0gdpinc # *Nominal GDP from income side* #;
Equation
E_w1lab_i V1LAB_I*w1lab_i =
sum{i,IND, V1LAB(i)*[x1lab(i)+p1lab(i)]};
E_w1cap_i V1CAP_I*w1cap_i = **sum**{i,IND, V1CAP(i)*[x1cap(i)+p1cap(i)]};
*!E_w1lnd_i ID01[V1LND_I]*w1lnd_i = sum{i,IND, V1LND(i)*[x1lnd(i)+p1lnd(i)]};!*
E_w1prim_i V1PRIM_I*w1prim_i=V1LAB_I*w1lab_i+V1CAP_I*w1cap_i
*!+V1LND_I*w1lnd_i!*;
*!E_w1oct_i ID01[V1OCT_I]*w1oct_i = sum{i,IND, V1OCT(i)*[x1oct(i)+p1oct(i)]};!*

231

```
E_delV1PTX_i delV1PTX_i = sum{i,IND,delV1PTX(i)};
E_delV0tax_csi delV0tax_csi =delV7tax_csi+
  delV1tax_csi + delV2tax_csi + delV3tax_cs + delV4tax_c + delV5tax_cs
  + delV0tar_c + delV1PTX_i !+ 0.01*V1OCT_I*w1oct_i!- delV7sub_csi
  - delV2sub_csi - delV3sub_cs - delV5sub_cs;
E_w0tax_csi [TINY+V0TAX_CSI]*w0tax_csi = 100*delV0tax_csi;
E_w0gdpinc  V0GDPINC*w0gdpinc = V1PRIM_I*w1prim_i + 100*delV0tax_csi;
! Excerpt 28 of TABLO input file: !
! GDP expenditure aggregates !
Coefficient ! Expenditure Aggregates at Purchaser's Prices !
(all,c,COM) V0CIF(c) # Total ex-duty imports of good c #;
V0CIF_C # Total local currency import costs, excluding tariffs #;
V0IMP_C # Total basic-value imports (includes tariffs) #;
V2TOT_I # Total investment usage #;
V4TOT  # Total export earnings #;
V5TOT  # Total value of government demands #;
V6TOT  # Total value of inventories #;
V0GNE   # GNE from expenditure side #;
V0GDPEXP # GDP from expenditure side #;
Formula
(all,c,COM) V0CIF(c) = V0IMP(c) - V0TAR(c);
V0CIF_C  = sum{c,COM, V0CIF(c)};
V0IMP_C  = sum{c,COM, V0IMP(c)};
V2TOT_I  = sum{i,IND, V2TOT(i)};
V4TOT  = sum{c,COM, V4PUR(c)};
V5TOT  = sum{c,COM, sum{s,SRC, V5PUR(c,s)}};
V6TOT  = sum{c,COM, sum{s,SRC, V6BAS(c,s)}};
V0GNE  = V3TOT + V2TOT_I + V5TOT + V6TOT;
V0GDPEXP = V0GNE + V4TOT - V0CIF_C;
Variable
x2tot_i  # Aggregate real investment expenditure #;
p2tot_i  # Aggregate investment price index #;
w2tot_i  # Aggregate nominal investment #;
Equation
E_x2tot_i V2TOT_I*x2tot_i = sum{i,IND, V2TOT(i)*x2tot(i)};
E_p2tot_i V2TOT_I*p2tot_i = sum{i,IND, V2TOT(i)*p2tot(i)};
E_w2tot_i w2tot_i = x2tot_i + p2tot_i;
Variable
x4tot  # Export volume index #;
p4tot  # Exports price index, local currency #;
w4tot  # Local currency border value of exports #;
Equation
E_x4tot  V4TOT*x4tot = sum{c,COM, V4PUR(c)*x4(c)};
E_p4tot  V4TOT*p4tot = sum{c,COM, V4PUR(c)*p4(c)};
E_w4tot  w4tot = x4tot + p4tot;
Variable
x5tot  # Aggregate real government demands #;
p5tot  # Government price index #;
w5tot  # Aggregate nominal value of government demands #;
Equation
E_x5tot  V5TOT*x5tot = sum{c,COM, sum{s,SRC, V5PUR(c,s)*x5(c,s)}};
E_p5tot  V5TOT*p5tot = sum{c,COM, sum{s,SRC, V5PUR(c,s)*p5(c,s)}};
E_w5tot  w5tot = x5tot + p5tot;
Variable
x6tot  # Aggregate real inventories #;
p6tot  # Inventories price index #;
w6tot  # Aggregate nominal value of inventories #;
Equation
E_x6tot  [TINY+V6TOT]*x6tot =100*sum{c,COM,sum{s,SRC,LEVP0(c,s)*delx6(c,s)}};
E_p6tot  [TINY+V6TOT]*p6tot = sum{c,COM, sum{s,SRC, V6BAS(c,s)*p0(c,s)}};
E_w6tot  w6tot = x6tot + p6tot;
Variable
x0cif_c  # Import volume index, C.I.F. weights #;
p0cif_c  # Imports price index, C.I.F., local currency #;
w0cif_c  # C.I.F. local currency value of imports #;
Equation
E_x0cif_c V0CIF_C*x0cif_c = sum{c,COM, V0CIF(c)*x0imp(c)};
E_p0cif_c V0CIF_C*p0cif_c = sum{c,COM, V0CIF(c)*[phi+pf0cif(c)]};
E_w0cif_c w0cif_c = x0cif_c + p0cif_c;
Variable !section added Oct 2002!
x0gne  # Real GNE #;
```

```
p0gne   # GNE price index #;
w0gne   # Nominal GNE #;
Equation
E_x0gne V0GNE*x0gne = V3TOT*x3tot + V2TOT_I*x2tot_i + V5TOT*x5tot +V6TOT*x6tot;
E_p0gne V0GNE*p0gne = V3TOT*p3tot + V2TOT_I*p2tot_i + V5TOT*p5tot +V6TOT*p6tot;
E_w0gne w0gne = x0gne + p0gne;
Variable
x0gdpexp   # Real GDP from expenditure side #;
p0gdpexp   # GDP price index, expenditure side #;
w0gdpexp   # Nominal GDP from expenditure side #;
Equation
E_x0gdpexp x0gdpexp = [1/V0GDPEXP]*[V3TOT*x3tot + V2TOT_I*x2tot_i + V5TOT*x5tot
        + V6TOT*x6tot + V4TOT*x4tot - V0CIF_C*x0cif_c];
E_p0gdpexp p0gdpexp = [1/V0GDPEXP]*[V3TOT*p3tot + V2TOT_I*p2tot_i + V5TOT*p5tot
        + V6TOT*p6tot + V4TOT*p4tot - V0CIF_C*p0cif_c];
E_w0gdpexp w0gdpexp = x0gdpexp + p0gdpexp;
! Excerpt 29 of TABLO input file: !
! Trade balance and other indices !
Variable
(change) delB # (Nominal balance of trade)/{nominal GDP} #;
    x0imp_c # Import volume index, duty-paid weights #;
    w0imp_c # Value of imports plus duty #;
    p0imp_c # Duty-paid imports price index, local currency #;
    p0realdev # Real devaluation #;
    p0toft # Terms of trade #;
Equation
E_delB 100*V0GDPEXP*delB=V4TOT*w4tot -V0CIF_C*w0cif_c-[V4TOT-V0CIF_C]*w0gdpexp;
E_x0imp_c     x0imp_c = sum{c,COM, [V0IMP(c)/V0IMP_C]*x0imp(c)};
E_p0imp_c     p0imp_c = sum{c,COM, [V0IMP(c)/V0IMP_C]*p0(c,"imp")};
E_w0imp_c     w0imp_c = x0imp_c + p0imp_c;
E_p0toft      p0toft = p4tot - p0cif_c;
E_p0realdev p0realdev = p0cif_c - p0gdpexp;


! Excerpt 30 of TABLO input file: !
! Primary factor aggregates !
Variable
!(all,i,IND) employ(i) # Employment by industry #;!
 employ_i  # Aggregate employment: wage bill weights #;
 x1cap_i   # Aggregate capital stock, rental weights #;
!x1lnd_i   # Aggregate land stock, rental weights #;!
 x1prim_i  # Aggregate effective primary factor use #;
 xgdpfac   # Real GDP at factor cost (inputs) = x1prim_i #;
 p1prim_i  # Index of factor cost #;
 p1lab_i   # Average nominal wage #;
 realwage  # Average real wage #;
 p1cap_i   # Average capital rental #;
! p1lnd_i   # Average land rental #;!
! E_employ (all,i,IND)
  ID01[V1LAB_O(i)]*employ(i) = sum{o,OCC, V1LAB(i,o)*x1lab(i,o)};!
 E_employ_i V1LAB_I*employ_i = sum{i,IND, V1LAB(i)*x1lab(i)};
 E_x1cap_i V1CAP_I*x1cap_i = sum{i,IND, V1CAP(i)*x1cap(i)};
!E_x1lnd_i ID01[V1LND_I]*x1lnd_i = sum{i,IND, V1LND(i)*x1lnd(i)};!
Equation
E_x1prim_i V1PRIM_I*x1prim_i = sum{i,IND, V1PRIM(i)*x1prim(i)};
E_xgdpfac xgdpfac = [1/V1PRIM_I]*
        [V1LAB_I*employ_i + V1CAP_I*x1cap_i]!+ V1LND_I*x1lnd_i]!;
E_p1prim_i V1PRIM_I*p1prim_i = sum{i,IND, V1PRIM(i)*p1prim(i)};
E_p1lab_i V1LAB_I*p1lab_i = sum{i,IND, V1LAB(i)*p1lab(i)};
E_realwage realwage = p1lab_i - p3tot;
E_p1cap_i V1CAP_I*p1cap_i = sum{i,IND, V1CAP(i)*p1cap(i)};
!E_p1lnd_i ID01[V1LND_I]*p1lnd_i = sum{i,IND, V1LND(i)*p1lnd(i)};!
![[! !Optional addition: employment aggregates weighted by numbers employed !
Coefficient
(all,i,IND)(all,o,OCC) WORKERS(i,o) # numbers employed #;
(all,i,IND)(all,o,OCC) UNITWAGE(i,o) # wagebill/numbers employed #;
Read WORKERS from file BASEDATA header "WORK";
Update (all,i,IND)(all,o,OCC) WORKERS(i,o) = x1lab(i,o);
Formula (all,i,IND)(all,o,OCC) UNITWAGE(i,o) = V1LAB(i,o)/WORKERS(i,o);
Write UNITWAGE to file SUMMARY header "UWAG";
Variable
(all,i,IND) workers_o(i) # employment by industry (persons weights average) #;
```

(all,o,OCC) workers_i(o) # employment by skill (persons weights average) #;
  workers_io # aggregate employment (persons weights average) #;
Equation
E_workers_o (all,i,IND) sum{o,OCC, WORKERS(i,o)*[x1lab(i,o)-workers_o(i)]}=0;
E_workers_i (all,o,OCC) sum{i,IND, WORKERS(i,o)*[x1lab(i,o)-workers_i(o)]}=0;
E_workers_io Sum{o,OCC, sum{i,IND, WORKERS(i,o)*[x1lab(i,o)-workers_io]}}=0;
!]]!
! Excerpt 31 of TABLO input file: !
! Investment equations !
Variable
(**all**,i,IND) ggro(i) # Gross growth rate of capital = Investment/capital #;
(**all**,i,IND) gret(i) # Gross rate of return = Rental/[Price of new capital] #;
Equation
E_ggro (**all**,i,IND) ggro(i) = x2tot(i) - x1cap(i);
E_gret (**all**,i,IND) gret(i) = p1cap(i) - p2tot(i);
! Three alternative rules for investment:
 Choose which applies to each industry by setting JUST ONE of
 the corresponding elements of x2tot, finv1, finv2, or finv3 exogenous.
 Iff aggregate investment x2tot_i is exogenous, invslack must be endogenous. !
Variable
(**all**,i,IND) finv1(i)# Shifter to enforce DPSV investment rule #;
(**all**,i,IND) finv2(i)# Shifter for "exogenous" investment rule #;
(**all**,i,IND) finv3(i)# Shifter for longrun investment rule #;
invslack # Investment slack variable for exogenizing aggregate investment #;
! Rule 1: Follows Section 19 of DPSV. The ratios Q and G are treated as
 parameters, just as in the original ORANI implementation. Attempts to
 improve the theory by updating these parameters have been found to
 occasionally lead to perversely signed coefficients !
Equation E_finv1 # DPSV investment rule #
(**all**,i,IND) ggro(i) = finv1(i) + 0.33*[2.0*gret(i) - invslack];
! Note: above equation comes from substituting together DPSV
 equations 19.7-9. The value 0.33 and 2.0 correspond to the DPSV ratios
 [1/G.Beta] and Q (= ratio, gross to net rate of return) and are typical
 as the "economy-wide rate of return" !
! Rule 2: For industries where investment is not mainly driven by current
 profits (eg, Education) make investment follow aggregate investment. !
Equation E_finv2 # Alternative rule for "exogenous" investment industries #
(**all**,i,IND) x2tot(i) = x2tot_i + finv2(i);
! NB: you must not set ALL of finv2 exogenous else above would conflict with
 Equation E_x2tot_i !
! Rule 3: longrun investment rule: investment/capital ratios are exogenous !
Equation E_finv3 # Alternative long-run investment rule #
(**all**,i,IND) ggro(i) = finv3(i) + invslack;
Variable f2tot # Ratio, investment/consumption #;
Equation E_f2tot x2tot_i = x3tot + f2tot;
! set f2tot exogenous and invslack endogenous
 to link aggregate investment to real consumption !

! Mechanism to allow fixed total capital to flow between sectors !
!Variable
(all,i,IND) fgret(i) # Shifter to lock together industry rates of return #;
   capslack # Slack variable to allow fixing aggregate capital #;
Equation E_fgret # Equation to force rates of return to move together #
(all,i,IND) gret(i) = fgret(i) + capslack;!
! normally, capslack is exogenous and fgret endogenous, so above just
 determines fgret. To allow capital to be mobile between sectors, yet
 fixed in aggregate, swap [newly exogenous at left]:
  x1cap_i with capslack
  fgret with x1cap !
! Excerpt 32 of TABLO input file: !
! Labour market !
Variable
!(all,i,IND)(all,o,OCC) f1lab(i,o) # Wage shift variable #;
   (all,o,OCC) f1lab_i(o) # Occupation-specific wage shifter #;
   (all,o,OCC) x1lab_i(o) # Employment by occupation #;
(all,i,IND)   f1lab_o(i) # Industry-specific wage shifter #;
    f1lab_io # Overall wage shifter #;!
!(all,i,IND) f1lab(i);!f1lab_i;!x1lab_i;!
!Coefficient (all,o,OCC) V1LAB_I(o) # Total wages, occupation o #;
Formula (all,o,OCC) V1LAB_I(o) = sum{i,IND, V1LAB(i,o)};!
Equation

```
!E_x1lab_i # Demand equals supply for labour of each skill #!
 !(all,o,OCC) V1LAB_I(o)*x1lab_i(o) = sum{i,IND, V1LAB(i,o)*x1lab(i,o)};!
        ! V1LAB_I*x1lab_i = sum{i,IND, V1LAB(i)*x1lab(i)};!
 E_p1lab   # Flexible setting of money wages #
 !(all,i,IND)(all,o,OCC)
   p1lab(i,o)= p3tot + f1lab_io + f1lab_o(i) + f1lab_i(o) + f1lab(i,o);!
   (all,i,IND)
   p1lab(i)= p3tot + f1lab_i !+ f1lab(i)!;
!Variable (all,o,OCC) p1lab_i(o) # Average wage of occupation #;
Equation E_p1lab_i # Average wage of occupation #
  (all,o,OCC) V1LAB_I(o)*p1lab_i(o) = sum{i,IND, V1LAB(i,o)*p1lab(i,o)};!
![[! ! Optional addition: Labour supply function !
! to activate equation below, exogenize f1absup(o) and endogenize f1lab_i(o) !
Variable (all,o,OCC) f1absup(o) # Labour supply shift #;
Equation  E_f1absup  # Labour supply functions #
  (all,o,OCC)  x1lab_i(o)  =  1.0*[p1lab_i(o) - p3tot] + f1absup(o);
!]]!
! Miscellaneous equations !
!Variable (all,i,IND) f1oct(i)# Shift in price of "other cost" tickets #;
Equation E_p1oct # Indexing of prices of "other cost" tickets #
  (all,i,IND) p1oct(i) = p3tot + f1oct(i); !  ! assumes full indexation !
Variable f3tot # Ratio, consumption/ GDP #;
Equation E_f3tot # Consumption function #
  w3tot = w0gdpexp + f3tot;
! Map between vector and matrix forms of basic price variables !
Variable
  (all,c,COM) p0imp(c) # Basic price of imported goods = p0(c,"imp") #;
Equation E_p0dom  # Basic price of domestic goods = p0(c,"dom") #
  (all,c,COM) p0dom(c) = p0(c,"dom");
Equation E_p0imp  # Basic price of imported goods = p0(c,"imp") #
  (all,c,COM) p0imp(c) = p0(c,"imp");
! Excerpt 36 of TABLO input file: !
! GDP decomposition !
Set EXPMAC # Expenditure Aggregates #
 (Consumption, Investment, Government, Stocks, Exports, Imports);
Variable (change) (all,e,EXPMAC)
  contGDPexp(e) # Contributions to real expenditure-side GDP #;
Coefficient INITGDP # Initial real GDP at current prices #;
Formula (initial) INITGDP = V0GDPEXP;
Update INITGDP = p0gdpexp;
Equation
  E_contGDPexpA INITGDP*contGDPexp("Consumption") = V3TOT*x3tot;
  E_contGDPexpB INITGDP*contGDPexp("Investment") = V2TOT_I*x2tot_i;
  E_contGDPexpC INITGDP*contGDPexp("Government") = V5TOT*x5tot;
  E_contGDPexpD INITGDP*contGDPexp("Stocks")     = V6TOT*x6tot;
  E_contGDPexpE INITGDP*contGDPexp("Exports")    = V4TOT*x4tot;
  E_contGDPexpF INITGDP*contGDPexp("Imports")    = - V0CIF_C*x0cif_c;
Variable (change) contBOT # Contribution of BOT to real expenditure-side GDP #;
Equation  E_contBOT contBOT = contGDPexp("Exports") + contGDPexp("Imports");
! Excerpt 38 of TABLO input file: !
! Summary: components of GDP from income and expenditure sides !
Coefficient (all,e,EXPMAC) EXPGDP(e) # Expenditure Aggregates #;
Formula
 EXPGDP("Consumption") = V3TOT;
 EXPGDP("Investment") = V2TOT_I;
 EXPGDP("Government") = V5TOT;
 EXPGDP("Stocks")     = V6TOT;
 EXPGDP("Exports")    = V4TOT;
 EXPGDP("Imports")    = -V0CIF_C;
Write EXPGDP to file SUMMARY header "EMAC";
Set INCMAC # Income Aggregates #
 (Land, Labour, Capital,  IndirectTax);
Coefficient (all,i,INCMAC) INCGDP(i) # Income Aggregates #;
values of this ratio. In DPSV invslack was called "omega" and was interpreted! Excerpt 33 of TABLO input file:
!
Formula
 !INCGDP("Land")       = V1LND_I;!
 INCGDP("Labour")     = V1LAB_I;
 INCGDP("Capital")    = V1CAP_I;
 INCGDP("IndirectTax") = V0TAX_CSI;
Write INCGDP to file SUMMARY header "IMAC";
```

235

```
Set TAXMAC # Tax Aggregates #
 (Intermediate,Investment,Consumption,Exports,Government,OCT,ProdTax,Tariff);
Coefficient (all,t,TAXMAC) TAX(t) # Tax Aggregates #;
Formula
 TAX("Intermediate") = V1TAX_CSI;
 TAX("Investment")  = V2TAX_CSI;
 TAX("Consumption") = V3TAX_CS;
 TAX("Exports")    = V4TAX_C;
 TAX("Government")  = V5TAX_CS;
 !TAX("OCT")      = V1OCT_I;!
 TAX("ProdTax")    = V1PTX_I;
 TAX("Tariff")     = V0TAR_C;
Write TAX to file SUMMARY header "TMAC";
! Excerpt 40 of TABLO input file: !
! Summary: basic and taxes !
Set
SALECAT2 # SALE Categories #
 (Energy,Interm, Invest, HouseH, Export, GovGE, Stocks);
FLOWTYPE # Type of flow # (Basic, TAX);
Coefficient
(all,c,COM)(all,f,FLOWTYPE)(all,s,SRC)(all,sa,SALECAT2) SALEMAT2(c,f,s,sa)
 # Basic and tax components of purchasers' values #;
Formula
(all,c,COM)(all,f,FLOWTYPE)(all,s,SRC)(all,sa,SALECAT2) SALEMAT2(c,f,s,sa)=0;
(all,n,NEN)(all,s,SRC) SALEMAT2(n, "Basic",s,"Interm") = sum{i,IND,V1BAS(n,s,i)};
(all,n,NEN)(all,s,SRC) SALEMAT2(n, "Tax" ,s,"Interm") = sum{i,IND,V1TAX(n,s,i)};
(all,e,ENE)(all,s,SRC) SALEMAT2(e,"Basic",s,"Energy") = sum{i,IND,V7BAS(e,s,i)};
(all,r,nre)(all,s,SRC) SALEMAT2(r,"Tax" ,s,"Energy") = sum{i,IND,V7TAX(r,s,i)};
(all,b,ren)(all,s,SRC) SALEMAT2(b,"Tax" ,s,"Energy") = sum{i,IND,V7TAX(b,s,i)};
(all,c,COM)(all,s,SRC) SALEMAT2(c,"Basic",s,"Invest") = sum{i,IND,V2BAS(c,s,i)};
(all,g,abc)(all,s,SRC) SALEMAT2(g,"Tax" ,s,"Invest") = sum{i,IND,V2TAX(g,s,i)};
(all,c,COM)(all,s,SRC) SALEMAT2(c,"Basic",s,"HouseH") = V3BAS(c,s);
(all,g,abc)(all,s,SRC) SALEMAT2(g,"Tax" ,s,"HouseH") = V3TAX(g,s);
(all,c,COM)(all,s,SRC) SALEMAT2(c,"Basic",s,"GovGE") = V5BAS(c,s);
(all,g,abc)(all,s,SRC) SALEMAT2(g,"Tax" ,s,"GovGE") = V5TAX(g,s);
(all,c,COM)      SALEMAT2(c,"Basic","dom","Export") = V4BAS(c);
(all,c,COM)      SALEMAT2(c,"Tax" ,"dom","Export") = V4TAX(c);
(all,c,COM)(all,s,SRC) SALEMAT2(c, "Basic",s,"Stocks") = V6BAS(c,s);
Write SALEMAT2 to file SUMMARY header "MKUP";
! end of file !
!Dynamic Extension!
!*********************************************************************************!
!***** Capital Accumulation Mechanism *****!
!This year, capital grows by amount equal
 to investment last year less depreciation!
Coefficient
(parameter) (all,i,IND) DPRC(i) #Rates of Depreciation (i.e. 0.08)#;!ÕÛ¾ÉÂÊ!
 (all,i,IND) CAPSTOK(i) #Current capstok measured in current prices#;
Read
!Value !
CAPSTOK from file BASEDATA header "STOK";
DPRC from file BASEDATA header "DPRC";
Write
CAPSTOK to file SUMMARY header "STOK"; !for aggregation weights!
Update !Value !
(all,i,IND) CAPSTOK(i) = x1cap(i)*p2tot(i);
Coefficient !both of the 2 below are measured in last year price units!
(parameter) (all,i,IND)
 CAPADD(i) # Addition to CAPSTOK from last year investment #;
 (all,i,IND) CAPSTOK_OLDP(i) # Current capstok measured in last years prices #;Formula !Value !
(initial)(all,i,IND) CAPADD(i)=V2TOT(i)-DPRC(i)*CAPSTOK(i);!not updated!
(initial)(all,i,IND) CAPSTOK_OLDP(i)=CAPSTOK(i);
Update
(all,i,IND) CAPSTOK_OLDP(i)=x1cap(i);
Variable
(all,i,IND) faccum(i) # Shifter to switch on accumulation equation #;
 (change) delUnity # Dummy variable, always exogenously set to one #;
Equation E_faccum # Capital accumulation equation #
(all,i,IND) 0.01*CAPSTOK_OLDP(i)*x1cap(i)=CAPADD(i)*delUnity +faccum(i);
!note: When above equation is active,
faccum is exogenous and zero; delUnity is shocked to 1.0.
```

Then RHS (like LHS) is the change in capital stock from last year investment
both LHS and RHS are measured at start-of-period prices
to swidch off, put faccum endogenous; delUnity is exogenous but unshocked!
Coefficient (**all**,i,IND) RNORMAL(i) # *Normal gross rate of return (SET AS 0.1)* #;
Variable (**all**,i,IND) rnorm(i) # *Normal gross rate of return* #;
Read RNORMAL **from file** BASEDATA **header** *"TARG"*;
Update (**all**,i,IND) RNORMAL(i)=rnorm(i);
Coefficient (**all**,i,IND) GROTREND(i) # *Trend investment/capital ratio* #;
Variable (**all**,i,IND) gtrend(i) # *Trend investment/capital ratio* #;
Read GROTREND **from file** BASEDATA **header** *"TFRO"*;
Update (**all**,i,IND) GROTREND(i)=gtrend(i);
Coefficient
(**parameter**)(**all**,i,IND) QRATIO(i) # *(Max/trend) investment/capital ratio:i.e 4* #;
Read QRATIO **from file** BASEDATA **header** *"QRAT"*;
Coefficient (**parameter**)(**all**,i,IND) ALPHA(i) # *Investment elasticity* #;
Read ALPHA **from file** BASEDATA **header** *"ALFA"*;
Coefficient (**all**,i,IND) GROMAX(i) # *Maximum investment/capital ratio* #;
Formula (**all**,i,IND) GROMAX(i)=QRATIO(i)*GROTREND(i);
Coefficient (**all**,i,IND) GROSSRET(i) # *PK/PI* #;
Formula (**all**,i,IND) GROSSRET(i)=V1CAP(i)/**ID01**[CAPSTOK(i)];
Coefficient (**parameter**)(**all**,i,IND) GROSSRET0(i) # *Initial PK/PI* #;
Formula (**initial**) (**all**,i,IND) GROSSRET0(i)=GROSSRET(i);
Variable
 (**change**) (**all**,i,IND) delgret(i) # *Ordinary change in gross rate of return* #;
Equation E_delgret # *Gross rate of return* #
 (**all**,i,IND) delgret(i)=0.01*GROSSRET(i)*[p1cap(i)-p2tot(i)];
Coefficient (**all**,i,IND) GROSSGRO(i) # *Investment/cpaital ratio* #;
Formula (**all**,i,IND) GROSSGRO(i)=V2TOT(i)/**ID01**[CAPSTOK(i)];
Variable
 (**all**,i,IND) gro(i) # *Planned investment/capital ratio* #;
 (**all**,i,IND) finv4(i) # *Shifter to toggle long run investment rule* #;
Equation E_finv4 # *Planned investment/capital ratio* #
 (**all**,i,IND) gro(i)=x2tot(i)-x1cap(i)+finv4(i);
Coefficient (**all**,i,IND) GRETEXP(i) # *Expected gross rate of return* #;
Variable
 (**change**) (**all**,i,IND) delgretexp(i) #*Ordinary change in expected rate of return*#;
Read GRETEXP **from file** BASEDATA **header** *"REXP"*;
Update (**change**)(**all**,i,IND) GRETEXP(i) = delgretexp(i);
![[! following alternative system calculates GRETEXP
! next part avoids error from raising negative number to a power !
Coefficient (**all**,i,IND) DENOM(i) # *denominator in GRETEXP formula* #;
Formula   (**all**,i,IND) DENOM(i) = [GROMAX(i)/GROSSGRO(i)]-1.0;
Formula   (**all**,i,IND: DENOM(i) LE 0)   DENOM(i) = 0.001;
Formula (**all**,i,IND) GRETEXP(i)=RNORMAL(i)*
([QRATIO(i)-1.0]/DENOM(i))^[1.0/ALPHA(i)]; !]]!
Coefficient
 (**parameter**)(**all**,i,IND) GRETEXP0(i) # *Initial expected gross rate of return* #;
Formula (**initial**) (**all**,i,IND) GRETEXP0(i)=GRETEXP(i);
Variable
    (**all**,i,IND) gretxp(i) # *Percent change in expected rate of return* #;
    (**all**,i,IND) mratio(i) # *Ratio, (expected/normal) rate of return* #;
Equation E_mratio # *Ratio,(expected/normal) rate of return* #
 (**all**,i,IND) mratio(i)=gretxp(i)-rnorm(i);

Equation E_gretxp # *Percent change in expected rate of return* #
 (**all**,i,IND) delgretexp(i)=0.01*GRETEXP(i)*gretxp(i);
Equation E_delgretexp # *Partial adjustment of expected rate of return* #
 (**all**,i,IND) delgretexp(i)
    = 0.33*[{GROSSRET0(i)-GRETEXP0(i)}*delUnity +delgret(i)];
Equation E_gro # *Planned investment/capital ratio* #
 (**all**,i,IND) gro(i)=gtrend(i) + invslack
! *endogenous invslack if aggregate investment is exogenous* !
 + ALPHA(i)*[1.0-(GROSSGRO(i)/GROMAX(i))]*mratio(i);
/***/
!*Compute and store on summary file*
various numbers for diagnostic purposes!
Coefficient
 (**all**,i,IND) VALRAT(i) # *V1CAP/V2TOT*#;
 (**all**,i,IND) NETGRO(i) # *Net capital growth rate* #;
 (**all**,i,IND) NETRET(i) # *Net rate of return* #;
 (**all**,i,IND) ISEXOGINV(i) # *1 If in EXOGINV set else 0* #;

```
Formula
 (all,i,IND) VALRAT(i)= V1CAP(i)/(tiny+V2TOT(i));
 (all,i,IND) NETGRO(i)= GROSSGRO(i)-DPRC(i);
 (all,i,IND) NETRET(i)= GROSSRET(i)-DPRC(i);
 (all,i,IND) ISEXOGINV(i)=0;
 (all,i,IND) ISEXOGINV(i)=1;
Set
CAPFACTS # Useful numbers for dynamic extension #
  (CAPSTOK, V2TOT, V1CAP, CAPADD, RNORMAL, GRETEXP, QRATIO,
  GROTREND, DPRC, EXOG, VALRAT, GROSSGRO, NETGRO, GROSSRET, NETRET);
Coefficient
 (all,i,IND) (all,c,CAPFACTS) CAPFACT(i,c);
Formula
 (all,i,IND) (all,c,CAPFACTS) CAPFACT(i,c)=0;
 (all,i,IND) CAPFACT(i,"CAPSTOK")=CAPSTOK(i);
 (all,i,IND) CAPFACT(i,"V2TOT")=V2TOT(i);
 (all,i,IND) CAPFACT(i,"V1CAP")=V1CAP(i);
 (all,i,IND) CAPFACT(i,"CAPADD")=CAPADD(i);
 (all,i,IND) CAPFACT(i,"RNORMAL")=100*RNORMAL(i);
 (all,i,IND) CAPFACT(i,"GRETEXP")=100*GRETEXP(i);
 (all,i,IND) CAPFACT(i,"QRATIO")=QRATIO(i);
 (all,i,IND) CAPFACT(i,"GROTREND")=100*GROTREND(i);
 (all,i,IND) CAPFACT(i,"DPRC")=100*DPRC(i);
 (all,i,IND) CAPFACT(i,"EXOG")=ISEXOGINV(i);
 (all,i,IND) CAPFACT(i,"VALRAT")=100*VALRAT(i);
 (all,i,IND) CAPFACT(i,"GROSSGRO")=100*GROSSGRO(i);
 (all,i,IND) CAPFACT(i,"NETGRO")=100*NETGRO(i);
 (all,i,IND) CAPFACT(i,"GROSSRET")=100*GROSSRET(i);
 (all,i,IND) CAPFACT(i,"NETRET")=100*NETRET(i);
Write CAPFACT to file SUMMARY header "CFAC"
longname "useful numbers for dynamic extension";
Write GROSSGRO to file SUMMARY header "GGRO"
longname "gross growth rate";
!compute some aggregates!
Coefficient CAPSTOK_i # Agg K #;
Formula CAPSTOK_i=sum{i,IND,CAPSTOK(i)};
Coefficient CAPSTOK1_i # Next period agg K #;
Formula CAPSTOK1_i=CAPSTOK_i+sum{i,IND,CAPADD(i)};
Coefficient GROSSGRO_i # Z #;
Formula GROSSGRO_i=V2TOT_I/CAPSTOK_i;
Coefficient NETGRO_i # Z #;
Formula NETGRO_i=(CAPSTOK1_i/CAPSTOK_i)-1.0;
Coefficient DPRC_i # Agg K. PI #;
Formula DPRC_i=GROSSGRO_i-NETGRO_i;
Coefficient GROSSRET_i # Z #;
Formula GROSSRET_i=V1CAP_I/CAPSTOK_i;
Coefficient NETRET_i # Z #;
Formula NETRET_i=GROSSRET_i-DPRC_i;
Coefficient
 (all,c,CAPFACTS) CAPFACT_I(c);
Formula
 (all,c,CAPFACTS) CAPFACT_I(c)=0;
  CAPFACT_I("CAPSTOK")=CAPSTOK_i;
  CAPFACT_I("V2TOT")=V2TOT_I;
  CAPFACT_I("V1CAP")=V1CAP_I;
  CAPFACT_I("CAPADD")=sum{i,IND,CAPADD(i)};
  CAPFACT_I("DPRC")=DPRC_i;
  CAPFACT_I("VALRAT")=V1CAP_I/V2TOT_I;
  CAPFACT_I("GROSSGRO")=GROSSGRO_i;
  CAPFACT_I("NETGRO")=NETGRO_i;
  CAPFACT_I("GROSSRET")=GROSSRET_i;
  CAPFACT_I("NETRET")=NETRET_i;
Write CAPFACT_I to file SUMMARY header "CFCI"
longname "useful macros for dynamic extension";
!***** real wage adjustment mechanism *****!
Variable emptrend # Trend employment #;
Variable (change)
 delempratio # Ordinary change in (actual/trend) employment #;
Coefficient
 EMPRAT # (Actual/trend) employment:i.e in steady state => 1 #;
Read EMPRAT from file BASEDATA header "EMPR";
```

Update (change) EMPRAT=delempratio;
Coefficient (parameter) EMPRAT0 # *Initial (actual/trend) employment* #;
Formula (initial) EMPRAT0=EMPRAT;
Equation E_delempratio # *Ordinary change in (actual/trend) employment* #
  delempratio=0.01*EMPRAT*[employ_i-emptrend];
Variable (change) delwagerate # *Change in real wage index* #;
Coefficient WAGERATE # *Index of real wages* #;
Formula (initial) WAGERATE=1.0; !*index is rebased each period!*
Update (change) WAGERATE=delwagerate;
Equation E_delwagerate # *Change in real wage index* #
  delwagerate=0.01*WAGERATE*realwage;
Coefficient (parameter) ELASTWAGE # *Elasticity of wage to employment:i.e. 0.5* #;
Read ELASTWAGE **from file** BASEDATA **header** *"ELWG"*;
Variable (change) delfwage # *Shifter for real wage adjustment mechanism* #;
Equation E_delfwage # *Real wage adjustment mechanism* #   delwagerate=delfwage+ELASTWAGE*{[EMPRAT0-1.0]*delUnity+delempratio};
!*To use, set delfwage exogenous and shock emptrend by labour force growth*
rate. Both the real wage and employment are endogenous. The final equation
then works an upward sloping labour supply schedule, which continually
moves to the right (up) as long as actual employment exceeds trend.
 To switch off, set delfwage endogenous and exogenize either the real wage
or employment.!
!***** *End of real wage adjustment mechanism* *****!
!***** *End of Capital Accumulation Mechanism* *****!
!*end of addition!*

后　记

本书是在博士论文的基础上拓展修改而成。作为我的第一本学术专著，付梓之际，感慨万千。

2020年9月22日，习近平主席在第七十五届联合国大会一般性辩论上提出"我国将提高国家自主贡献力度，二氧化碳排放力争于2030年前达到峰值，努力争取2060年前实现碳中和"。2020年12月12日，习近平主席在气候雄心峰会上进一步提出"到2030年，我国单位国内生产总值二氧化碳排放将比2005年下降65%以上，非化石能源占一次能源消费比重将达到25%左右，风电、太阳能发电总装机容量将达到12亿千瓦以上"。此后，中央经济工作会议、中央财经委员会第九次会议对碳达峰、碳中和工作作出部署。2021年10月，国务院印发的《2030年前碳达峰行动方案》聚焦"十四五"和"十五五"两个碳达峰关键期，再次明确了提高非化石能源消费比重的目标。国际、国内会议均明确了非化石能源对我国实现"双碳"目标的重要作用，"双碳"目标的实现意味着我国的能源结构必须向可再生能源转型，而可再生能源政策是实现可再生能源大规模开发利用的客观要求和必然选择，可再生能源政策成为"双碳"背景下的研究热点之一。攻读博士学位以来，我一直致力于能源环境问题的研究；参加工作以后，我继续在能源环境领域深耕，此书是我研究能源环境问题的一个阶段性总结。

此书受北京联合大学应用科技学院学术著作出版资助，在此诚挚地感谢学院的支持及学院领导的栽培。学院历来高度重视青年教师的成长，为青年教师提供各种学习历练的机会和渠道。参加工作以来，我无数次感受到学院的关爱和领导的温情，我将怀着感恩的心，焚膏继晷，为学院镌刻荣耀与辉煌。

白首如新，倾盖如故，感谢北京联合大学应用科技学院应用经济系的同事们。感谢系书记、系主任对我的鼓励和照顾，感谢同事无处不在的帮助。很幸运能够加入应用经济系这个小集体，我们志同道合，我们同舟共济。

拳拳之心，脉脉含情，感谢家人的支持和奉献。感谢父母的理解，"父母在，不远游，游必有方"。感谢婆婆全心全意帮我带孩子，让我能够安心工作而无后顾之忧。感谢老公努力优秀，一直是我科研的榜样和骄傲。感谢儿子可可爱爱、温暖纯良，带给我无尽的感动和希望。

科学研究之路漫长，吾将上下而求索！也相信东风浩荡、骄阳晴朗、彼岸有光。

2022 年 3 月 27 日于北京联合大学图书馆